世界探索发现系列 Shijie Tansuo Faxian Xilie

Bukesiyi De Diqiu Xuan'an

不可思议的地球悬案

主编：崔钟雷

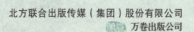

北方联合出版传媒（集团）股份有限公司
万卷出版公司

不可思议的地球悬案

世界探索发现系列

Shijie Tansuo Faxian Xilie

Bukesiyi De Diqiu Xuan'an

前 言

　　探索，是人类在未知道路上的求解；发现，是人类在迷雾中触摸到的新知。当历史和未来变得扑朔迷离，人类在探索的道路上不断成长；当曾经的奥秘变成真理，人类在发现中看到新的希望。包罗万象的人类世界有着自己的绚丽和神奇：浩瀚飘渺的宇宙空间，让人类既迷惑又神往；骇人听闻的外星人事件，让人类相信外星智慧生命的存在并努力寻找；纷繁复杂的历史疑云，总是成为人类认识和了解过去的绊脚石。纵然探索的道路上荆棘丛生，但人类在创新和实践中坚定了信念，并从未停止过发现的脚步。

　　转眼间，人类已经进入文化科技发展更为迅猛的 21 世纪，历史的疑团还没有解开，未来的生活又将带给我们更多的迷惘。作为 21 世纪的新新人类，只有用知识武装自己的头脑，不断丰富自己的阅历，才能增加自己思考判断的能力，在快节奏的现代生活中占据主动。

　　有鉴于此，我们精心编排了这套文化大餐——"世界探索发现"系列丛书，希望能为

您的课外生活增添新的乐趣。这套丛书，涉及天文、地理、历史、文化、科技、军事、名人以及海盗等诸多领域，涵盖悬疑、未解、探秘、追踪等多种形式，带您探索自然界的神奇奥妙，倾听扣人心弦的传奇故事，挖掘历史背后鲜为人知的秘密。让您在读书的过程中不单单是在接受知识的灌溉，同时还有身临其境的快意和启迪人生的灵感。

本套丛书坚持传承经典的图书风格，以清晰严密的结构、精细独特的选材、通俗平实的文字和细腻精美的图片，为中国青少年儿童构建一座知识交流的平台。揭开历史的面纱，打开知识的问号，是我们对读者的承诺。我们希望这套丛书不仅是您扩展阅读的途径，更能成为您成长道路上的良师益友。现在，就让我们整理好思绪，背起行囊，共同踏上探索发现的道路！

编 者

目录·CONTENTS >>>

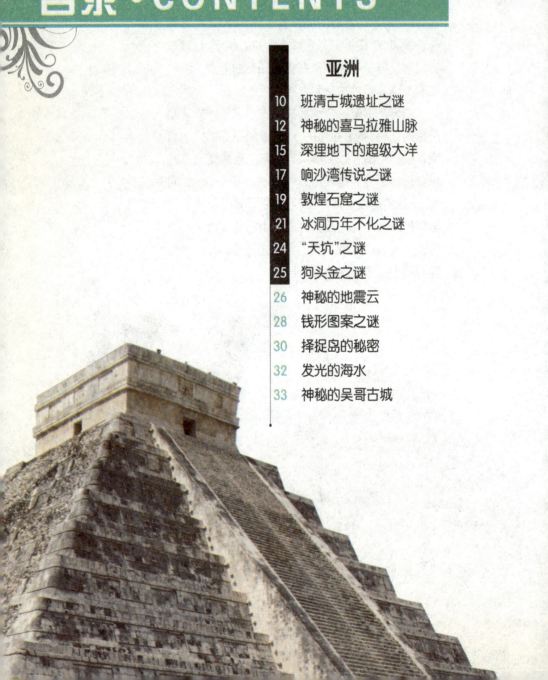

欧洲

目录 • CONTENTS >>>

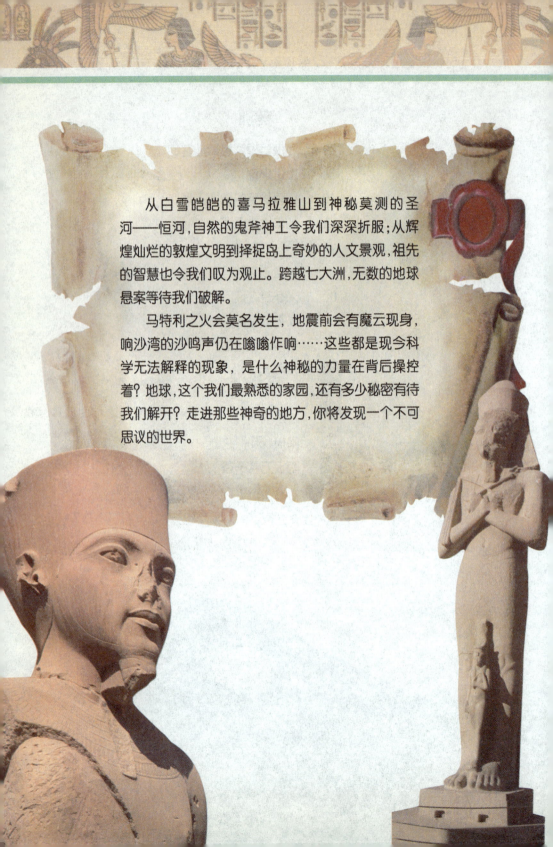

从白雪皑皑的喜马拉雅山到神秘莫测的圣河——恒河，自然的鬼斧神工令我们深深折服；从辉煌灿烂的敦煌文明到择捉岛上奇妙的人文景观，祖先的智慧也令我们叹为观止。跨越七大洲，无数的地球悬案等待我们破解。

马特利之火会莫名发生，地震前会有魔云现身，响沙湾的沙鸣声仍在嗡嗡作响……这些都是现今科学无法解释的现象，是什么神秘的力量在背后操控着？地球，这个我们最熟悉的家园，还有多少秘密有待我们解开？走进那些神奇的地方，你将发现一个不可思议的世界。

世界探索发现系列

Bukesiyi De Diqiu Xuan'an

|不可思议的地球悬案|

1

亚洲

Yazhou

班清古城遗址之谜

SHI JIE TAN SUO FA XIAN XI LIE

　　早在公元前2000年左右，班清人已经掌握了青铜的冶炼技术。班清文化无疑是东南亚最早的青铜文化，也是世界上最早的青铜文化之一。因此，一些泰国历史学家据此推断，也许班清就是世界青铜文化的源头。

遗址文物

在班清古城遗址中出土的陶器上面都绘有精美的图案，陶器的形状也各不相同，体现了古代班清人民的智慧。

　　泰国乌隆地区的班清遗址是泰国东北部呵叻高原诸多遗址中最广为人知的一处，也是研究得最为彻底的一个遗址。自20世纪60年代到70年代，众多的青铜器在班清史前遗址的墓穴中被发掘了出来。随着对班清研究的不断深入，班清逐渐被视为东南亚发掘地区最重要的史前聚居地。然而，它只是组成班清文化众多遗址中的一个。这种文化已经扩展到周边的许多地区，如乌隆地区、沙功那空地区、那空拍侬地区和孔敬地区，其覆盖面积达49 000多平方千米，而班清本身有可能是这种文化相对重要的一个中心。班清，这座过去默默无闻的小镇伴随着古城遗址的发现逐渐引起了世人的关注，成为泰国历史中的重要一页。如今，班清已被视为东南亚人类文化、社会、科技进化现象的中心。1922年联合国教科文组织将其作为人类文化遗产，列入《世界遗产名录》。

　　据考证，班清的青铜器文化开始于公元前3500年。这里的彩纹陶器可划为三个时期。前期的陶器有灰色、黑色的壶和各种各样的盆，陶器的底部呈圆形，宽边上描绘着花、蛇、蜥蜴、昆虫、鱼、鹿等图形；中期陶器的特征是：形状和装饰多样，腹部鼓起；后期的陶器，用几何图形和螺旋状、条纹状图样等装饰，形式多样，线条富于变化，制作技艺精湛。

在班清发现的早期黑色雕刻陶器有点像马来西亚、菲律宾和东南亚其他地区发现的早期黑色雕刻陶器。科学家发现，其后的着色陶器与前后相差几千年的中国甘肃东部仰韶地区的绘画陶器有着异曲同工之妙。他们认为这种相似性只不过是表面上的。有人在班清附近发现了出现在公元前700年到公元前211年周朝的戟，戟的发现至少成为泰国东北部和中国进行直接或间接贸易的证据。由于陶器种类繁多，几乎令人难以置信，呵叻地区的古代制陶者做出的陶器形式也多种多样，并且许多陶器虽然经历了好几代，却依然保持完整，所以仅凭简单的类型划分和创建年代是不可靠的。

人们通过研究发现，约公元前2000年，班清一带的居民已经掌握了青铜冶炼技术。公元前1000年前后是班清文化的繁荣期。在此时期，班清人制作了各种精致的青铜手镯、项链、戒指和长柄勺。在一把长柄勺的勺把上刻有多种栩栩如生的动物。在晚期的青铜制品中，考古人员还出土了用含锡量高达20%的青铜锻打成的颈圈。因为含锡量高很容易碎，所以制作时需锻打成多股再扭曲而成。由此可以证明，此时的班清人已熟练地掌握了青铜的冶炼和制作技术。

班清遗址

图为正在发掘中的班清遗址。在班清遗址中不仅有青铜器和陶器，还有用象牙和骨头雕刻的人像，用玻璃和次等宝石等制作的光彩夺目的珠串。

在青铜时代之后，班清经历了铁器时代。考古学家在这里发现了公元前1000年左右制作的铁制手镯和铁制斧头，出土了为数不多的铁器，有铁脚镯、铁手镯和双金属（铁包铜）的矛头、斧头等。这些铁制器物表现出不同于青铜器物的铸造技术。经过分析显示，班清的铁是从专用矿石中冶炼出来的。

另外，班清遗址已涉及人类青铜文化的起源，事关重大。未经深入研究之前科学家们也不敢轻易下结论，所以这些疑问至今仍是未解之谜。

神秘的 **喜马拉雅** 山脉
SHI JIE TAN SUO FA XIAN XI LIE

> 巍峨的喜马拉雅山脉终年白雪皑皑、云遮雾绕。千年以来它一直被人们尊为圣山，然而它是如何出现的呢？它已经巍然屹立了多少个世纪呢？在喜马拉雅山上发现的海洋动植物化石是否暗示它与海洋的神秘关联呢？一切的谜团，都有待人们的破解。

喜马拉雅山脉是传说中"众神的住所"。这里有世界最高的圣母峰，又称珠穆朗玛峰或埃维勒峰，也就是尼泊尔人所谓的萨嘉玛莎，即"海之崖"的意思。

喜马拉雅山脉西起帕米尔高原，东到雅鲁藏布江大拐弯处，东西长约 2 400 千米，南北宽约 200~300 千米，平均海拔 6 200 米，是世界上海拔最高的山脉。"喜马拉雅"一词源自梵文，原意为"雪的家乡"。整座山脉海拔很高，终年被积雪所覆盖，其中海拔 7 000 米以上的高峰有 40 多座。位于中国和南部邻国交界处的是喜马拉雅山脉的主脉，宽 50~90 千米，有 10 座 8 000 米以上的山峰耸立在这里，各山峰的高度平均超过 5 791 米。喜马拉雅山脉的庞大，完全可以把欧洲的整个阿尔卑斯山脉围在正中。此外，喜马拉雅山脉和喀喇昆仑山共有 500 多个高过 6 096 米的山峰，其中 100 多个超过 7 315 米。世界第一高峰珠穆朗玛峰海拔 8 844.43 米，如同一座美丽的金字塔雄踞在喜马拉雅山的中段。

喜马拉雅山脉 **的形成**

这么庞大的山脉，到底是怎么形成的呢？

想弄清楚这个问题可不是一件容易的事情。在恶劣的气候环境、各种地质变化因时因地各不相同、缺乏可以证明年代的化石、岩石构造混淆不清等情况下，探索远古地壳变化的历程，几乎成了一个不可能完成的任务。

地质学家已经达成共识的是：从阿尔卑斯山脉到东南亚各大山脉的欧亚大陆山系（包括喜马拉雅山脉），都是在过去 65 000 年间的一种极大力量所造成。这些山脉都是因地壳的强烈运动而产生的，地壳隆起将一个古代深海海沟里极厚的沉积岩层推出海面，即地质学家所说的"古地中海"。这种强大的使山脉隆起的力量是如何产生的呢？德国地质学家魏格纳认为力量来自大陆漂移运动，这一观点得到了大多数地质学家的认同。

地质学家认为地球上的岩石圈分成若干大块，这些大块叫作板块。板块并非固定不动，而是可以漂移的，就像悬浮在地幔软流层上的木筏。按照这个学说，亚洲大陆是一个板块，南亚次大陆也是一个板块。距今大约3 000万年前，南边印度洋地幔下软流层的活动引起洋底扩张，南亚次大陆板块开始北移，直到和亚洲大陆板块相遇。处在这两大板块之间的喜马拉雅古海受挤而被猛烈抬升，于是沧海变成了高山。在地质历史上，这次强烈的造山运动，就叫喜马拉雅造山运动。喜马拉雅造山运动虽然发生在3 000万年前，可它还是地质历史上最近的一次。所以，喜马拉雅山脉从"年龄"来说，实在是世界群山中的"小弟弟"。

我们不敢确切地说喜马拉雅山脉是否还在缓慢上升，因为测量技术还达不到那么精确。但我们可以确信地壳一直在运动中。喜马拉雅山脉地区及恒河盆地的剧烈地震证明了这一点。

世界 最高峰

在神话传说中，珠穆朗玛峰是长寿五天女居住的宫室。珠穆朗玛峰终年积雪，是亚洲和世界第一高峰。藏语"珠穆朗玛"就是"大地之母"的意思。藏语"珠穆"是女神的意思，"朗玛"应该理解成母象(在藏语里，"朗玛"有两层含义：高山柳和母象)。珠穆朗玛峰是一条近似于东西走向的弧形山，峰体呈金字塔形，在100千米之外就清晰可见，给人以庄严、肃穆的感觉。珠穆朗玛峰山顶的冰川面积达10 000平方千米，雪线(4 500~6 000米)呈北高南低的走势。峡谷中有几条大冰川，其中东、西和中绒布三大冰川汇合而成的绒布冰川最为著名。珠穆朗玛峰自然条件异常复杂、气候恶劣、地形险峻。珠峰南坡降水丰富，1 000米以下为热带季雨林，1 000~2 000米为亚热带常绿林，2 000米以上为温带森林，海拔4 500米以上为高山草甸。北坡主要为高山草甸，4 100米以下的河谷有森林及灌木。山间有孔雀、长臂猿、藏熊、雪豹等珍禽奇兽及多种矿藏。

珠峰奇景
珠穆朗玛峰上的冰柱和冰川，鬼斧神工，好似天然形成的冰雕群。

　　珠穆朗玛峰以其"世界第一"的名号，吸引着世界各国的登山探险者。从18世纪开始，就陆续有不同国家的探险家、登山队试图征服珠峰，但直到20世纪50年代以后，才有人从南坡成功登上珠峰。英国的探险家在1921~1938年期间先后7次试图从北坡攀登珠峰，都遭受了失败，有人还为此失去了生命。北坡被称作是"不可攀缘的路线"、"死亡的路线"。地质学家诺尔·欧德尔从艰险的北面峰曾经爬上过约8 230米，首次发现珠峰的金字塔形峰顶的构成成分是古地中海带有化石的石灰岩，年代已有3.5亿年。

　　从加德满都到珠峰山脚，全程约290千米，路途崎岖，气候变幻无常。横过小喜马拉雅山脉时，会发现近代人类是真正的地形的改造者。大部分山坡被开垦成了梯田，森林被砍伐后尚未耕种的山侧，有一条条冲蚀的痕迹。向北望去，大喜马拉雅山脉似乎就在眼前。山脊和扶墙似的斜坡、山谷和冰川，在阳光下总是一片乳白色，看上去好像悬在空中。

　　当登上珠峰最高点的时候，登山队员一路的疲惫突然显得微不足道，因为景色实在是太美、太宏大了：向北望去是紫褐色辽阔的青藏高原；向南望去则是"雪的家乡"；远处，一片薄雾笼罩之下的是印度平原。看见这样的景色，人们所能做的，只剩下感慨自然的伟大和人类的渺小了。

发现 飞碟基地

　　Kongka LA是喜马拉雅山脉中一处低矮的山脊，它位于拉达克边境地区，然而在这里居然有人发现了外星人的飞碟基地。据居住在中印边境的当地人表示，它们经常能够看到不明飞行物从那里飞出来。同时，还是有许多资料都表明了，UFO地下基地已在这一地区存在了很长一段时间了。这一事件也引起了联合国的关注，UFO专家约翰·马利博士及联合国外星人小组成员拜访了当地，并已确认有外星飞碟进出该地区。因为飞碟出没地区是欧亚板块和印度洋板块边界，其中一个板块插入另一个板块下方。这里地壳深度是其他地方的2倍，人们也由此推测基地是位于地下极深的位置。

　　外星人为什么会选择在这个环境恶劣的地点建早基地呢？难道只是因为人迹罕至还是喜马拉雅山脉中隐藏着什么不为人知的秘密呢？围绕在人们心头的种种疑问都会随着事件的进一步发展而逐渐明了，希望这一次是两种文明间的良好接触，同时也希望通过这件事让人们更加了解地外智慧生物。

深埋地下的超级大洋

SHI JIE TAN SUO FA XIAN XI LIE

　　沧海桑田的千年巨变使得地球发生了天翻地覆的变化，然而远古时的地球到底是什么样呢？科学家研究后发现，在地球内部竟然有着一个相当于北冰洋大小的水库，这究竟是什么原因呢？

有关 地下大洋的论争

　　2007年，美国科学家在东亚地下发现巨大水库的事实在科学界引起轰动。两名科学家耶西·劳伦斯和迈克尔·维瑟逊在对地球内部深处进行扫描时，竟意外地在东亚地下发现了一处含水量巨大的水库，该水库的含水量堪与北冰洋相比，更令人吃惊的是，它的含水量极有可能超过北冰洋。这一巨大发现在科学界引发了一场关于地下是否存在大洋的激烈争论。

北京地下 的异象

　　所以得出地下有一处含水量巨大的水库这一结论，是耶西·劳伦斯和迈克尔·维瑟逊通过分析60多万份记录地震穿过地球时产生的地震波得出的。他们在分析世界各地的地震波图片时发现，地震波在东亚地下传播中出现了减弱的现象，而在北京地下尤为严重。因水可以减慢地震

波的传播速度,所以他们推断,东亚地下应该存在一个巨大的水域。而这个地下水域实际上是地表以下 700~1 400 千米内的含水的岩石,岩石的含水量不到 0.1%,并不是真正的大洋。即便如此,因其范围很广,所以将这一区域的水量累积起来也是相当惊人的。

板块运动 在作祟

对于地球深处为何会含有如此大量的水,地质学家作出了这样的推断:若地幔深处的岩石真的含有水,那么最大的可能就是由于板块运动造成的。海洋板块和大陆板块始终都处于相互运动的状态。在东亚一带,太平洋板块与大陆板块在运动过程中相互挤压,大陆板块很容易俯冲到海洋板块以下。这就使得大量的海水被带入地下,并逐渐渗入到地幔内。

高举 反对牌

然而很多科学家对这一结论持反对意见,他们认为,地震波的衰减与多种因素有关,除水之外,不同性质的岩石、过渡层等都有可能引起地震波的衰减。而且,如果地壳某处产生裂隙,那么地幔上部的物质就会喷出地表,从而形成火山。假设地幔真的有大量含水的岩石,那么岩石中的水在地下高温、高压的情况下也一定会蒸发出来,形成间歇泉、温泉等,然而东亚地区并未出现这一现象。因此,对于东亚地区地幔层是否有水这一问题,仍需要进行更深层次的研究。

火山爆发

火山爆发时,气体以极大的喷射力将通道内的岩屑和深部岩浆喷向高空,闪光炫目。

响沙湾传说之谜

SHI JIE TAN SUO FA XIAN XI LIE

沙子会发出声音吗?大部分人会说"不",可这样的事却真实存在,并且这里的沙子还有着许多神奇的传说。沙子发声到底是因为什么呢?

美丽的 传说

响沙湾位于内蒙古自治区鄂尔多斯高原北部的库布其沙漠东端。响沙湾呈半月形,其上没有任何植被覆盖。所以称其为响沙湾,是因为当人们从沙丘之巅向下滑动时,身下的沙子会发出"嗡嗡"的响声,使人感觉十分神奇。

"沙子怎么会发声呢?"这是所有滑沙者都不禁要问的问题。但是响沙湾的沙鸣至今仍是一个谜团。因对其成因无法解释,所以当地的人们赋予了沙鸣现象许多美丽的传说。

相传在很久以前,这里有一座香火旺盛、建筑宏伟的喇嘛庙。一天,正当千余名喇嘛席地念经、钟鼓齐鸣之时,忽然天色大变,狂风席卷着沙石,顷刻间将寺庙埋入沙

响沙湾
响沙湾在蒙语中被称为"布热芒哈",意思是"带喇叭的沙丘"。

漠之中。现在人们听到的沙响声,就是喇嘛们在沙下诵经、击鼓、吹号的声音。还有人说是佛祖释迦牟尼四海传经布道,曾来到鄂尔多斯高原,给信徒们诵经。之后便将诵经声留在了响沙湾。自那以后,人们才得以聆听佛祖的教诲,免入歧途。也有人说在远古时期,有一仙人云游四海,来到此地,坐沙小憩,奏乐解乏,美妙的神曲流入了沙中。以后的游人每经此地,只要拨动沙子,就能听到神曲。

多种 学术说法

关于沙鸣的一系列的传奇故事数不胜数，不过若想真正揭开"响沙湾"的奥秘，还有待于进一步的科学研究。一些科学家解释说：沙丘表层的沙子中含有大量石英，沙层在外力推动下，石英沙会因相互摩擦产生电。沙响声即为放电声。

还有一些科学家认为，造成沙子滑动时产生回音的正是响沙湾的月牙形状。也有一些科学家认为，沙丘下的水分蒸发会形成一道肉眼看不见的蒸汽墙，而在沙丘的脊线上，强烈的光照又形成一道热气层，蒸汽墙与热气层正好组成一个"共鸣箱"，沙层在被风吹或搅动时就会发出响声。

另有一些解释说：响沙湾的山坡基岩是白垩纪砂岩，裂隙很多，下层水气被湿沙层封闭，当人下滑时，饱含空气的沙层下部受挤压，被封闭的气体迅猛释放，发出响声。在发生之后，空气会重新饱和，当后面的人下滑时，就会有同样的响声发出。如此往复。不过也有人提出了与之截然相反的观点，他们认为人从沙丘之巅下滑时，人体重力推动了湿沙层，湿沙层下滑时形成裂隙，干沙和气体往裂隙中填充时就会发出响声。

科学家们众说纷纭，莫衷一是，真正的谜底还有待于进一步的探讨和研究。

世界上已发现的响沙有百余处。响沙湾并不是唯一的一处。只在我国境内与响沙湾齐名的响沙就有好几处，分别为：新疆哈巴河县鸣沙山；木垒县鸣沙山，风吹沙鸣，经久不息；巴里坤县鸣沙山，因策动力不同，声响各异，或清脆悠扬，或沉闷单调，或澎湃激昂，十分有趣；宁夏中卫沙坡头，沙响声如轻雷滚滚，又似清脆钟鸣，素有"沙坡鸣钟"之称；甘肃敦煌鸣沙山伴着涟漪萦绕的月牙泉，花草丛生、细沙鸣乐，是最美妙和谐的响沙景观。

漫漫黄沙
响沙湾金黄色的沙坡掩映在蓝天白云下，有一种茫茫沙海入云天的壮丽景象。

敦煌石窟之谜

SHI JIE TAN SUO FA XIAN XI LIE

莫高窟是中国四大石窟之一，也是世界上现存规模最大、保存最完整的佛教艺术宝库。栩栩如生的雕像和壁画，诉说着千年的沧桑。然而，莫高窟是何时、何人发现的呢？敦煌文物又是因何流落国外的呢？种种谜团吸引着人们的目光。

敦煌石窟位于甘肃省河西走廊西端的敦煌市。敦煌是古代"丝绸之路"上的名城重镇。在漫长的东西文化交流的历史长河中，这里曾经是中西文化的荟萃之地。彼此之间的相互交融，创造出世界瞩目的"敦煌文化"，为人类留下了众多的文化瑰宝。

中国最神奇、最壮丽的景色之一就在敦煌城东南鸣沙山东侧的断崖上——千佛洞的一大片蜂窝状石窟。

文物 失窃

石窟洞壁上布满了众多神态生动、内容丰富的壁画，表现出了中国古代社会生活和思想的丰富多样。洞窟内还有上千座彩塑佛像，这就是千佛洞旧称的来历。此外，还有藏书约达30万卷的藏经阁，收藏着11世纪或更早时期有关农事、医药、法律、科学、天文、历史、文学和地理等的经籍，更有一批精美丝绸及彩图卷。但经籍和艺术藏品因"文物盗窃案"已散失不全。

所谓"文物盗窃案"是这样的：19世纪末以前，敦煌石窟一直在历史的长河里静默。没有佛教徒去参拜，流沙也堵住了洞口。当时一个名叫王圆箓的穷道士来到鸣

敦煌佛像

千佛洞内神情安详，姿态自然的佛像。

沙山，发现了这些湮没在沙尘中的石窟群。他将一个石窟打扫干净住了进去。

有一天，他在其中一个石窟中清扫，偶然间发现一间密室，里面有大量的古籍和其他物品。王道士赶紧将此事禀报敦煌县衙，但是等候多日，仍不见有任何回音。王道士没有办法，只好再次去县衙打听，敦煌县衙的官员却只是让他代为妥善保管。慢慢的，经过王道士整理后的敦煌石窟有了一些游客，同时敦煌发现宝物的消息也传了出去。1907年3月，英国探险家斯泰因来到敦煌。他参观了千佛洞，来到了王道士的洞窟。斯泰因在王道士身上做足了工夫。他先是说只是想拍摄一些壁画的照片，过了很长时间才提出想看看古籍的样本。当他发现王道士对此感到不安，斯泰因就岔开话题。过些日子之后，斯泰因又绕到了这一话题上，他说了很多好话，阿谀奉承等手段也都用了个遍，并表示他愿意给王道士一大笔钱来修缮寺院——这是王道士最大的愿望。

就这样，斯泰因取得了王道士的信任，进入了密室。斯泰因面对那些古籍的时候，强按内心的喜悦，表现出一点都不在意的样子，让王道士以为自己发现的东西并不值钱。而后又编造了一堆听起来可信度颇高的谎话，将古籍骗了出来，斯泰因不断以"捐助修缮寺院"的名义塞给王道士一些金钱，王道士就这样在对斯泰因的信任中铸成了大错。最后斯泰因共弄到24箱文物，其中包括3 000多卷经籍和200多幅绘画，还有装得满满的5箱绢帛。这么多稀世珍品，斯泰因仅花费了相当于现在的50美元，就从王道士的手里以"随缘乐助"的名义骗到了手。

珍贵的 文物

这些珍贵的敦煌文物，至今仍然存放在大英博物馆。事实上，藏经洞里的宝物比斯泰因想象的具有更加巨大的价值。经过研究，证实所有的手抄本都是宋真宗在位（公元997~1022年）之前的文物，这些经书中包括公元3世纪和4世纪时的贝叶梵文佛典，也有用古突厥文、突厥文、藏文、西夏文等文字写成的佛经，还有世界上最古老的手抄经文，甚至连大藏经中都未曾收集到的佛典都有。出土的藏经中甚至有禅定传灯史的贵重资料，各种极具价值的地方志，摩尼教和景教的教义传史书。其中还有大量的梵文和藏文典籍等，对于当今古代语言文字的研究有着重大意义。另外，其中包含的各类史料也在很大程度上影响了以后的外国史学和中国史学的研究。

敦煌石窟出土的经卷对世界文化史上的所有领域而言，都是璀璨的珍宝。当然，要想判明它们对这些领域的改变到底能起到多么大的作用，还需要后人付出更多的时间进行研究。

冰洞万年不化之谜

SHI JIE TAN SUO FA XIAN XI LIE

自古以来那些或真或假的宝藏传说吸引了无数人竞相寻找。在山西宁武发现的神奇冰洞便是因为一首山歌引出的,这不得不让人称奇。

　　金庸先生的著名小说《雪山飞狐》中有这样一个情节:李闯王在一座终年积雪的山峰中埋下了一批宝藏,江湖中人苦苦寻觅,终于找到了一个到处都是常年不化的坚冰的天然冰洞,它里面堆满了金银珠宝……然而,在现实生活中,不用说寻找金银财宝了,就连找这样一个终年不化的冰洞都极为艰难。但是在我国山西省宁武县广为流传的一首山歌里却提到,当地的一座深山中确实有一座万年冰洞。于是当地人信以为真,竟然真的找到了那座传说中的冰洞,洞内的景象让人惊叹不已……

地下 冰宫

　　这座冰洞有 100 多米深,仿若一座晶莹剔透的水晶宫殿。洞内四季温度始终保持在 0℃ 左右,有冰柱、冰锥、冰瀑、冰笋、冰花等,且越深入地层冰层越厚。世界上只有少数高纬度且极其寒冷的地方才发现过冰洞,为什么在四季分明的宁武县也会存在这样一个冰洞呢?

神秘的 "护冰使者"

　　发现天然冰洞的消息在宁武县一经传开就引起了不小的轰动,同时也吸引了大批地质专

家前来实地考察。专家推测,这个天然冰洞是一百多万年前由水流冲刷而成的。宁武县的地理位置和气候条件不适于冰洞形成,但有两个外部因素可以保证洞内的冰常年不化:高达2 000多米的管涔山阴面为冰洞的出口位置,阴冷的气候环境可以使冰常年不化;而且冰洞上窄下宽,洞内的空气不易与外界相互交换,从而使冰免受损害。

世界 最大的冰洞

目前发现的世界上最大的冰洞是位于奥地利的坦恩山中的爱斯里森卫尔特冰洞。该洞内的温度常年保持在0℃以下,洞内有高达四五层楼的冰柱,而且有大面积的冰瀑。近年来,由于全球气候变暖,导致坦恩山山顶的温度升高,从而加速了冰雪融化,雪水从裂缝中渗入冰洞,久而久之,形成的天然冰雕越来越多。因此,这座世界最大的冰洞仍存在。

深洞内的 "聚会"

然而,尽管有了外在的保护因素,但如此多数量的冰究竟是怎样形成的呢?有人提出了冰川学说。他们认为,几亿年前,地球上曾出现过大规模的冰川运动,致使大量的冰涌进深洞中,形成了神奇的冰洞景观,但冰是由堆积而成的,并不会有再生现象。然而,专家发现,冰洞内冰的年龄各不相同,冰洞内的冰一旦减少,还会进行自我修复,所以这与冰川学说又是相互矛盾的。

地热负异常 在作怪

通常来说,地热异常是指地下温度和地热梯度比周围地区明显增高的现象。这种地热异常现象很可能是由地质构造、放射性元素和岩浆源等不同因素造成的。在地下50千米的深度之内,地热平均每100米增温3℃。而且该地区一般都蕴涵丰富的热水和蒸汽能源。

冰川学说已无法解释冰洞的成因,所以,又有人提出了"地热负异常说"。由于冰洞内的冰是愈往深处愈厚,这一现象与越往深处气温越高的地热正异常原理形成了强烈的反差。而地热负异常学说却认为,管涔山的深处极有可能存在人类目前尚未探明的制冷机制,于是越往深处,温度越低,所以能制造出大量的冰。

悬案 未决

其实冰洞的制冷机制目前也只是一种猜测,并没有确凿的证据能够证明其合理性。由于冰洞内的岩石坚硬无比,现有的仪器无法将它们切开,所以,制冷机制究竟存在哪里至今还无人知晓。同时,相关专家还担心,一旦将洞内的岩石切开,很可能会导致这座罕见的冰洞消失。或许在不久的将来,我们能够挖掘出这座神奇冰洞的真正成因。

冰洞景观

冰洞内有冰锥、冰柱、冰瀑、冰花，犹如一个晶莹的水晶世界，景象十分壮观。

"天坑"之谜

SHI JIE TAN SUO FA XIAN XI LIE

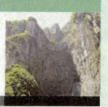

长江三峡向来以它的雄伟险峻著称,在重庆市境内靠近三峡的地方,便有著名的天下第一坑"小寨天坑"。那里珍稀物种丰富,是人们探寻三峡历史的活教科书。

在重庆市奉节县境内靠近长江三峡的地方,有一处被誉为"天下第一坑"的小寨天坑。这处天坑外形为椭圆状,坑深662米,总容积约1.19亿立方米。该天坑在喀斯特地貌学上被称为"漏斗",据相关专家考证,小寨天坑是迄今为止世界上发现的最大的"漏斗"。

多年前,英国考古学家霍德博士、天文学家敦切利萨博士及地质学家威尔金斯博士联手组成的科学考察队抵达小寨天坑。考察队从一条羊肠小径下到天坑的底部。他们装备了超导远红外探测摄像器,并从天坑底部向上对数百米高的峭壁进行圆周扫描,突然,考察队发现在峭壁内约6米深的地方隐藏着7个直径为4米的大圆球。这些大圆球呈曲线排列,球面上还刻着一些无法破译的文字和符号,经"裂变径迹法"测定,圆球距今有7500万年至8000万年的时间,其主要成分是金属钛。这些圆球究竟是什么人制造的呢?又有着怎样的用途呢?这些都不得而知了。

中外探险家已多次在这里进行科学考察活动,如今已探测的洞穴近100个,已探明的地下暗河总长100余千米,发现了珙桐、桫椤、红豆杉等珍贵植物2000余种,以及大鲵、玻璃鱼、林麝20余种稀有动物。科学家认为,天坑地缝不仅是构成地球第四纪演化史的重要例证,同时也是探索长江三峡形成原因的"活化石"。

神秘"天坑"
站在天坑底部仰视天空时的景象。

狗头金之谜

SHI JIE TAN SUO FA XIAN XI LIE

金是自然界中比较稀有的金属,人们将其视为财富的象征。而在自然界中天然形成的金块更为罕见,于是人们便把关注的目光投在了"狗头金"上,探寻着"狗头金"形成的秘密。

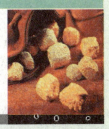

狗头金成分

自然界纯金极少,常含银、铜、铁、钯、铋、铂、镍、碲、硒、铋等伴生元素。

在人们的俗语中天然的金块又被称为"狗头金"。1985 年,在我国四川的白玉县发现了一块重 4.125 千克的狗头金,1986 年又采得一块重达 4.8 千克的大金块,这是我国自建国以来发现的最大的天然金块。

人类历史上发现的最大的狗头金是于 1872 年 10 月 10 日在澳大利亚新南威尔士的砂金矿中掘获的,该金块重约 285 千克,总价值超过千万美元!然而对于这种天然金块的由来,迄今为止仍众说纷纭,没有最终的定论。传统观点认为,巨大的狗头金产自于原生金矿,是纯天然的大块山金,风化破碎时被分离出来,进而又被洪水或冰川机械运动带到低洼地沉积而成。但奇怪的是,在开采原生金矿时,并没有发现过巨大的金块。美国地质考察局曾提出新的观点:天然金块很可能是由几种土壤细菌结合而成的,由于流水中的可溶金即金离子与细菌孢子表面发生化学反应产生作用,从而形成"生成晶体金"的基础。然而,金能否溶于水?据日本希塔金矿的报道,钻机在 500 米深的地方曾发现过含金量高达 228 克/吨的热水,这一事实为狗头金的成因之谜又带来了新的争论:金在怎样的条件下能够与水相溶,又是在什么条件下能够聚集成巨大的金块等等。这一系列问题已成为了人们亟待解决的谜题。

神秘的地震云
SHI JIE TAN SUO FA XIAN XI LIE

空中出现一条黑白相间的蛇形长云，将天空一分为二，"飞蛇"出现后，地震随之而来，二者之间有必然的联系吗？"飞蛇"的出现是地震即将发生的征兆吗？

地震 预报

地震是一种能给人们的生产和生活带来巨大破坏的地质构造灾难。从古至今，人们对地震的观测和预报工作就一直在探索进行着，但由于地震的成因错综复杂，各地的地质构造情况又不尽相同，时至今日，科学家还是不能准确地对地震进行精准的预报。

魔云 现身

1948 年 6 月 28 日，战后的日本奈良市天空晴朗，上午时分，奈良的天空中突然出现了一条黑白混杂的蛇皮状长云，把天空撕成了两半。一个名叫键田忠三郎的年轻人无意中抬头看天的时候，发现了这个蛇状怪云，他心底升起了一种不祥的预感。谁料到，他的预感很快就成为了事实——两天之后，奈良市的福井地区发生了 7.3 级大地震！在这次地震之后，键田忠三郎发现，只要这种不祥的蛇状怪云一出现，就总有地震相应发生。

灾难前的 征兆

事实上，这种极其特殊的"蛇皮怪云"就是地震云，是预示某地将发生地震的一种常见前兆。目前，科学家已知的地震云有三种：一是走向垂直于震中并飘浮在震区上空的稻草绳状或条带状云；其次是焦点位于地震上空，由数条带状云相交在一点构成的有规律辐射状云；第三种是像人的两排肋骨构成的条纹状云。根据观测，地震云在某地持续的时间越长，对应的震中越近于地震云；地震云条纹越长，距离发生地震的时间就越近。面对这一事实，人们不禁要问，地壳的变化为什么会从云中反映出来呢?

地气 腾空

部分日本地震学家认为，地震带的地壳内富含水汽和各种气体。当地壳断裂即将发生时(地震)，地壳的断层和裂缝活动异常激烈，必然会使高温高压的地气自下而上地前进。当这些高温高压的地气从地表冲出后，在极短的时间内体积会急剧膨胀，使当地空气增温并产生上升气流；气流在高空遇冷后冷却，饱和后就会凝结形成怪异的地震云。

其他 假说

也有专家认为，地壳断裂带所迸射出来的高温热气，会以超高频或红外辐射的形式加热地震当地的上空云层，从而形成条带状地震云。断裂带基本垂直于震波的传递方向，条带状地震云也由此而产生。还有的人认为，地震云的出现也可能就是一种巧合，毕竟世界上不是所有的地震发生时都曾出现过"蛇状怪云"。目前，科学家仍在坚持不懈地深入研究这一现象，希望科学能早日给我们一个满意的答案。

钱形图案之谜

世界之大，无奇不有。在日本的一片海滩上，人们发现了一个令人啧啧称奇的景观——一个巨大的钱形图案。据正史记载，中日两国的正式邦交可追溯至汉代，而此钱币酷似中国古代钱币的造型，而且从图案中可以辨认出清晰的字体来，的确令人费解。

这神秘的具有立体感的图案，是掘沙筑成的。在海滩上行走时，人们根本不会觉得这是一个图案。但当你登上岸边的一座小山向下俯视时，就会惊奇地发现，这沙沟所展示的竟是一个巨大的钱形图案。在这里，你可以看到这个图案的构图和中国古代的铜钱极其相似。在这个圆圆的沙圈中心有个四方形的孔，在这方孔的四边有"永宽通宝"四个大字。

这个钱形图案究竟有多大呢？人们进行了实地测量。原来人们所见的这个图案并非是绝对的圆形，而是一个周长为354米，东西长122米，南北长90米的椭圆形，但是由于视觉误差，人们在远处看到的往往都是呈圆形的图案。

钱形图案 的由来

那么这个巨大的钱形图案是如何形成的呢？据传说：1633年，即永宽10年时，当地居民为了迎接龙丸蕃主前来巡视，在一夜之间掘沙修造而成，并一直保存至今。

还有一个传说，称当年在这附近的山顶上有一座神殿，叫"八幡神宫"。公元703年(即大宝三年)的一天夜里，八幡大神乘坐一只发光的船，从宇宙神宫飞临此地。飞船飞走后，在它降落的地点便有了这巨型图案。于是，当地人就修了这座神宫来祭祀八幡大神。

　　这神秘的图案及神话传说,使人联想到秘鲁纳斯卡平原的那些巨型图案。那巨型图案也只有从高处才能看清楚,人们认为那是宇宙人的杰作,地球人是造不出来的。那么那个钱形图案是否也是宇宙人的纪念物呢? 传说中从宇宙来的大神,是否就是从宇宙中来的外星人? 它所乘坐的发光的船,是否就是人们所发现的飞碟呢? 如果是,那么宇宙人为什么在地球上造出这一钱形图案呢? 它的寓意是什么呢? 人们很难找到答案来说明这一问题。

钱形图案的 制作过程

　　于是,有的人又把眼光从宇宙收回到地球,到远古的人类祖先那里去寻找答案。他们认为这个巨大的钱形图案纯粹是地球人的杰作,是集体智慧的结晶。他们推测,在创造这一奇迹时,指挥者站在海岸边的小山上,通过旗来指挥海滩上众多的人,人们是在统一指挥下才完成这项巨大的工程的,因为只有这样,他们所创造的钱形图案才能更精确,也与钱的形状更加相似。然而,对于钱形图案的创造者、创造时间以及创造动机等诸多问题,至今仍是一个解不开的谜团。无论是哪一种解释,都不能达到无懈可击的地步,所以还需要我们进一步的研究。

择捉岛的秘密

SHI JIE TAN SUO FA XIAN XI LIE

　　择捉岛原本是太平洋北部鄂霍次克海上的一个普通小岛。然而就是这样一个平凡小岛却存在许多神奇的现象。小鱼竟然可以在热水中自在游弋,古老的石头上竟然刻着现代人熟知的符号。这一切为择捉岛增添了许多神秘色彩。

　　在鄂霍次克海上有一个神秘的小岛,叫择捉岛。它那奇特的自然景观和生物现象令世人称奇,而岛上令人难以解释的文化现象更使人着迷。岛上有一个直径约3 000米的古火山口,形状就像一口巨大的锅。在这口"锅"的"锅沿"上,奇峰峻峭、怪石嶙峋,形成了千奇百怪的造型,令我们不得不佩服大自然的鬼斧神工。

岛上 奇特的鱼

　　在神奇的择捉岛上,不仅有硕大的蝴蝶、巨眼的蜻蜓,还有一种生活习性极其奇特的鱼。

　　这种鱼可以在50℃高温的水中游玩戏耍,而在常温中却会僵硬死亡。这种奇特的生命现象是一位法国人在一次旅行中偶然发现的。

　　那是20世纪60年代中期的事,这位法国旅行家在择捉岛附近海域遭遇海难。幸运的是,他被波浪推到了这个海岛上,并且随身带着一个装有炊具的旅行包。死里逃生后,他饥饿难忍,便开始在周围寻找可以充饥的东西。他在一个浅浅的水坑中意外地发现了几尾僵硬的小鱼。他赶紧拾来柴草,炖鱼煮汤。没等锅中水开,他就掀开锅盖看,眼前的情景使他惊呆了。锅中那几条原来僵硬的小鱼不但没被煮熟,反而在热气腾腾的水中活了过来,这时的水温至少也有50℃。这位法国人把这件奇怪的事写进了他的游记里。

　　现在,人们已经搞清楚了这些怪鱼的习性。它们是古火山附近水温烫热的一个小湖里的"居民"。它们的祖先在火山爆发中幸存下来,因而适应了特殊的生存环境,成了冷血生物中的热血物种。当它们遇到热水时,就会游得自由自在;遇到凉水时,反倒会因不适应而死亡。

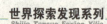

岛上神秘的 人文景观

除了这些奇特的自然现象外,择捉岛上还有非常神秘的人类文明现象。在古火山口的南部堆放了一块块打磨得十分圆滑的巨石,它们有黑、灰、褐和浅绿等几种颜色。令人们着迷的不是它们的颜色,而是这些石头上有明显的人为刻纹。其中有一块石头上凿满了奇异的线条和花纹。这些线条和花纹被考古学家们考证后认为,它们很可能是一种现代人还不知道的古代文字,整个择捉岛上的人类文化之谜很有可能就蕴藏其中。

更加奇妙的是,在几块绿色圆石上凿刻的花纹竟然全是现代人所熟知的符号。有加、减等数学符号;有形如罗马数字中的"Ⅳ"和"Ⅴ"的刻纹;也有清晰的拉丁字母;还有一些标准的几何图形,如正方形、矩形和圆形等。这些符号一个接一个地刻在石头上,仿佛组成了一篇关于数学的论文。是谁留下了这些奇怪的文字?各国学者对此进行了多方面的研究,可是收效甚微。

择捉岛和世界上其他的岛屿一样没有任何文明史的记载。对于它过去的历史,现在居住在岛上的阿伊努人也是一无所知。看来,这又是一个需要考古学家们要解决的千古之谜。

择捉岛

鄂霍次克海上的择捉岛可能曾经存在过人类未知的文明。

发光的海水

SHI JIE TAN SUO FA XIAN XI LIE

海水在阳光的照射下发出炫目的光芒本来平凡无奇,但有谁会想到海水自身竟也能发出奇异的光芒。幽深的海水中竟然可以烈焰飞腾,水火不容的常识似乎在这里无法成立,是自然现象还是科学谜题? 人们在惊讶之余也只能感叹大自然的神奇了。

　　1933年3月3日凌晨,在日本三陆海啸发生的时候,人们发现了奇异的海水。当波浪从釜石湾附近的灯塔向海湾中央翻涌时,浪头下出现了三四个像草帽一样的圆形发光物,横排着前进,呈青紫色,像探照灯那样照向四周,发出的亮光足以使人看到海中的破船碎块。不久,互相撞击的浪花又把圆形发光物打碎,随后就不见了。

　　1975年9月2日傍晚,在中国江苏省沿海的朗家沙一带,海面上出现了奇怪的亮光,随着海浪起伏,就像燃烧的火焰那样起伏不定,一直到天亮才逐渐消失。第二天夜晚,亮光再次出现,而且亮度较前日有所增加。以后每天夜晚,亮度逐渐加大,直到第七天,海面上涌起很多泡沫,当渔船经过时,激起的水流异常明亮,水中还有珍珠似的闪闪发光的颗粒。专家将这种海水发光的现象称为“海火”,它常出现在地震或海啸前后。1976年7月中国唐山大地震的前一天晚上,秦皇岛、北戴河一带的海面上就出现过海火现象。

　　海火是怎样产生的? 一般认为,这与海水中的发光生物有关。海水中的发光生物种类繁多,除甲藻以外,还有许多细菌和放射虫、水螅、水母、鞭毛虫以及一些甲壳类、多毛类的小动物。于是,人们推测,当海水受到地震或海啸的严重影响时,便会使这些生物受到刺激,使它们发出与平时不同的亮光,最终出现海火。但也有一些学者持有异议,在风浪很大的夜晚,海水也同样受到激烈的扰动,却为什么不产生海火呢?

　　目前,科学家们对海火的成因问题争论不休,但都因证据不足而无法说服对方,希望在未来科学家们能给我们一个满意的答案。

神秘的吴哥古城
SHI JIE TAN SUO FA XIAN XI LIE

　　神秘莫测的吴哥古城隐藏在浩瀚的密林深处,在历经岁月的洗礼与风雨的侵蚀后它终于拂去尘埃神采奕奕地展现在世人面前。金色的阳光下,古城风姿绰约,雄浑壮观。然而,当人们再度转身探寻它隐含的秘密时,发现的却是无尽的谜团。

　　1861年,法国生物学家亨利·墨奥特深入法国领地印度支那半岛的高棉内地,寻找珍奇蝴蝶标本。他雇佣了四位当地的土著居民做自己的助手,他们五个人手持砍刀,砍断荆棘,探索前进,不时有毒蛇阻路,藤葛缠身。随行的土著人在一座密林的前面停下来,拒绝继续前进,理由是前面的密林会令人迷路并且有死亡的幽灵。

　　当亨利试图说服这些土著人的时候,土著人说出了一个更令他吃惊的消息——密林里有一座大城堡。这更加坚定了亨利要进入密林的决心。他付双倍的报酬给土著人,要求他们带他进去。

　　一行人在密林里走了五天,一无所获。先前被利益所诱惑的土著人,这时再也忍受不了由于信仰带来的恐惧,不肯再留在密林里。就在他们决定折回的时候,五座古塔突然呈现在他们面前,中央的那座是其中最高最宏伟的,夕阳下塔尖闪耀着点点光芒。

　　这座藏在密林里的古城,就是著名的吴哥城,古名禄兀。吴哥城占地面积东西长1 040米,南北长820米,是一座显露着雄伟庄严的古城,城市中林立着几百座宝塔,周围更有宽200米的灌溉沟渠环绕,很像是一条守卫着吴哥城的"护城河"。建筑物上刻有浮雕,有仙女、大象等造型,其中最显眼的是172

古堡遗址
吴哥古城中的神秘古堡似乎掩藏着无数的秘密。

个人的"首级像",壮观雄伟。这座古城中建筑物的种类繁多,有寺庙、宫殿、图书馆、浴场、纪念塔及回廊,由此可见当年在此兴建都市的民族必定是个文化颇为发达,并有高超建筑技术的民族,不然如何能建造出这样一座位列于世界最伟大的建筑之一的宏伟建筑?

亨利虽然想揭开古城的秘密,但却因染热病过世而未能如愿,后来由法国方面继续探索。现在已经查明:吉蔑人于12世纪在丛林中兴建吴哥城,吴哥城在13世纪达到盛世。

曾经的 吴哥城

在吴哥城门口,除了狗和罪犯之外,任何人都可自由出入由兵士驻守的城门。那些达官贵人们居住在用瓦覆盖面向东方的圆形屋顶下,而奴仆则在楼下忙于工作。

巴容神殿有二十多座小塔和几百间石屋围绕着的一座黄金宝塔,有两头金色狮子在神殿的东边守卫着金桥,处处都显出吉蔑帝国强大的财力。国王更为尊贵,他穿着绸缎华服,头上时而戴着金冠,时而戴着以茉莉花及其他花朵编成的花冠。身上的佩戴更是价值连城,珍珠、手镯、踝环、宝石、金戒指……当其他大使或百姓想见国王时,便在国王每日两次坐朝时,坐在地下等待。在乐声中一辆金色车子载来国王,此时有锣声大响,官员须合掌叩头,等到国王在传国之宝(一张狮子皮)上坐定,锣声停止,众人才敢抬头瞻望国君之威仪,并将诸事奉告……

以上之细节可由周达观所著的《真腊风土记》里找到,从这些细节里不难看出吉蔑帝国不但有富庶的国力,而且是个有秩序、有法律的民族,人口达到200万左右。

然而1431年,暹罗人以7个月的时间,攻陷吴哥城,搜刮大批战利品而去。待到第二年他们再度光临吴哥城时,却发现这里变成了一座空城,不但没有半个人影,甚至连牲畜都不见踪迹。这些人究竟到哪里去了?

关于这座神秘空城的推测有很多种, 有人认为可能是有一场可怕的瘟疫侵袭了吴哥城,大部分居民都相继死亡,侥幸生存者将死者遗体焚毁以避免瘟疫流行,然后怀着哀伤的心情,远走

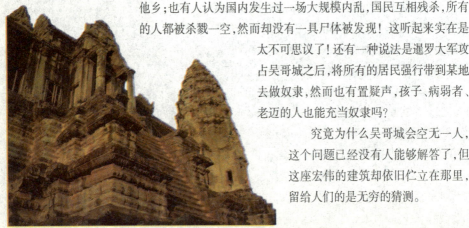

他乡;也有人认为国内发生过一场大规模内乱,国民互相残杀,所有的人都被杀戮一空,然而却没有一具尸体被发现!这听起来实在是太不可思议了!还有一种说法是暹罗大军攻占吴哥城之后,将所有的居民强行带到某地去做奴隶,然而也有置疑声,孩子、病弱者、老迈的人也能充当奴隶吗?

究竟为什么吴哥城会空无一人,这个问题已经没有人能够解答了,但这座宏伟的建筑却依旧伫立在那里,留给人们的是无穷的猜测。

Bukesiyi De Diqiu Xuanan

不可思议的地球悬案

2

欧洲

Ouzhou

神奇的晴空坠冰

SHI JIE TAN SUO FA XIAN XI LIE

近来世界各地时有这样的消息：在万里无云的碧空中，突然会掉下一些大冰块。就在新千年伊始，西班牙竟然连续发生了7次"空中降冰"，而且前后时间间隔只有短短七八天。

疯狂的 坠冰

某年的1月10日，在西班牙南部塞维利亚省的托西那市，一块重达4千克左右的大冰块轰然落在两辆轿车上，顷刻间车顶被砸得稀烂，如若不是一个朋友把车主叫住，与他交谈起来，他难免会成为世界上第一位坠冰的"牺牲品"。

两天后，又有一块长30余厘米、重约2千克的大冰块击穿了穆尔西亚省一家酒吧的屋顶，所幸也没有人员伤亡；最后一块于16日下午坠落在西班牙的历史名城加西斯的市中心广场，当地警察在接到报警后很快就把它"带走"了；最有趣的是在15日那天，几乎同时有3块大冰光临巴伦西亚地区的3个小村庄，其中最大的一块也有4千克重。

西班牙国家气象局的气象专家经过研究，已经否定了"冰雹"的可能性，也有说法认为这种坠冰来自遥远的外太空，并且从很多迹象看，这种说法的可能性相当大，它就像为人熟知的陨石一样，因此坠冰也被称为"陨冰"。陨冰与陨石一样，原先都是游荡在太空、绕太阳转动，但有时它们也会陷入地球引力的"陷阱"而被迫改变轨道落向地球表面。由于地球周围有一层稠密的大气层，所以绝大多数的陨落物都在大气中"毁尸灭迹"，在几千度的高温焚烧下，只有少数原先非常巨大的母体，才会有残骸降临人间，成为陨星。那些铁块、石头尚且只能剩下极少部分，可想而知，陨冰原先的母体一定是太空中硕大无比的巨大冰山。

陨冰 揭秘

陨冰是指彗核的表面溅射出的一些碎冰块。彗星的彗核是以水冰为主的冰物质,其中也夹杂着一些尘埃物质,当彗星在太阳系中运行时,受迎面而来的流星体的撞击,就会从彗核的表面溅射出一些碎冰块,有的偶尔与地球相遇,穿过大气层到了地面,就是陨冰。陨冰外表与普通冰区别甚小,落地后很快融化,故直至1958年才被确证。

我国无锡地区也曾受过这种空中坠冰的青睐,在1982~1993年的短短11年间,连续发生了5次坠冰事件。1995年,在浙江余杭也有一块较大陨冰碎成三块并落在东塘镇的水田中,估计原重900克。由于当时得到了妥善的保护,又及时送到紫金山天文台,所以对揭示天空坠冰之谜起到了很大的作用。

陨冰比陨石更为罕见,因为夜间降落的陨冰绝大多数会在进入大气层时消耗大半,若未被及时发现,便会被"埋没终身"。即使是在白天,若未能妥善保存,也难免会很快化作一洼污水而无从辨别,所以它并不像那些陨石或陨铁那样易于保存。因而现已有正式确凿证明的陨冰,到20世纪止,也不到二位数。最早确认的陨冰是1955年落于美国的"卡什顿陨冰";第二块陨冰于1963年降于莫斯科地区某集体农庄,重达5千克。

卡什库拉克山洞之谜
SHI JIE TAN SUO FA XIAN XI LIE

俄罗斯的一位科学家在西伯利亚地区卡什库拉克的神秘洞穴考察时，曾神奇地遇见过一位巫师，之后前去探险的学者，在洞内发现一股固定的低频脉冲定时出现。山洞中究竟藏有何种物质至今仍是个谜。

1985年，俄罗斯专家对位于俄罗斯的西伯利亚地区的神秘洞穴——卡什库拉克山洞进行了考察。考察结束后，几位前来考察的专家准备返回地面，在系好防护绳向上攀登时，队伍最末端的巴库林回头看了一眼山洞。他竟然看到了一个巫师打扮的中年人。那个人不断向巴库林招手，似乎是让巴库林跟着他走。巴库林出于本能地想快点离开这里，可自己的腿却始终无法移动，最后他只好大声向洞外的队友求救。经过大家的努力，巴库林终于摆脱了洞穴中那神秘的"诱惑"，安全地返回了地面。

大胆的 猜想

卡什库拉克山洞的外貌并不独特，与周围大大小小几百个洞穴差不了多少，可是一旦当人们进入洞穴后，便会有一种毛骨悚然的感觉，并且觉得腿开始不听使唤了。有人认为在山洞中可能存在某种化学物质，这种物质可以使身处黑暗中的人造成了各种压力和幻觉；还有人认为这种现象可能和全息照相术有关。

神秘的 脉冲

当专家们来到山洞深处时，突然发现随身携带的磁力仪上的数字开始不停闪烁。经过专家的测试发现，洞穴中存在许多信号，在这些信号里有一股固定的低频脉冲信号每隔一段时间便会出现一次。而这种脉冲信号发生时，人大脑就会感到非常压抑和惊慌失措。专家认为，可能是这种低频脉冲信号造成人们心理和生理上的紧张。那么，这种脉冲信号是从哪里来的呢？究竟这些脉冲信号是发给谁的，又起怎样的作用呢？人们相信，这些谜团将在不久的未来被破解。

神秘的卡什库拉克山洞

卡什库拉克位于孤寂的西伯利亚，它的外表和别的山洞没什么特别，却似乎有一种神秘的力量。

『海底尸岗』之谜

SHI JIE TAN SUO FA XIAN XI LIE

1980年，在挪威沿海的一个荒芜的半岛上，进行了一场高难度的悬崖跳水表演。这个岛三面环水，一面是山，悬崖下的海水深邃莫测。名跳水运动员飞下悬崖，做着各种空中动作，钻进了大海之中。随着发令枪响，30名跳水运动员飞下悬崖，做着各种空中动作，钻进了大海之中。观众们目不转睛地欣赏者运动员的精彩表演。而恐怖的事就在这时发生了。

半个小时过去了，却不见有人露出水面。人们不禁大为惊慌，表演组织者立即派出救生船和潜水员寻找运动员，可是过了几个小时，连下海救生的潜水员也无影无踪了。

第二天，一名经验丰富的潜水员佩带安全绳和通气管下海探索。当安全绳下到5米时，一股强大的力量将潜水员及船上的潜水救护装置全部拖进海底。组织者又向瑞典抢险救生部门求援，一艘瑞典的微型探测潜艇来到这里开始实施救援。令人难以置信的是，这艘微型潜艇入海后也一去不返。组织者在万般无奈之下只得请求美国派来一艘海底潜水调查船，并由地质学家毫克逊主持调查工作。毫克逊不停地搜索着海底。突然，他发现离船不远处有一股强大的潜流，在潜流之中不仅发现了30名运动员、2名潜水员的尸体和那艘微型潜艇，而且还发现海底有不少脚上拴有铁链的人的尸体。

人们震惊了，这些脚上拴着铁链的尸体到底是什么人？他们的尸体为什么没有腐烂？这些奇异现象成了难解之谜。

毫克逊认为这里是暖流和寒流的交汇处，因而形成了一股强大的漩涡，把附近的人和物体都卷入涡心。而这些脚上拴着铁链的尸体很可能是原来半岛上的一座监狱里的犯人。他还认为，半岛上的岩石能产生一种看不见的射线，使这里寸草不生，这可能是这座大监狱被遗弃的原因。但究竟是一种什么射线，毫克逊也没有搞清楚。

单凭毫克逊的一家之言恐怕难以服众，而要把海底尸岗之谜揭开，还有待科学工作者调查和研究。

通古斯大爆炸之谜

SHI JIE TAN SUO FA XIAN XI LIE

发生在通古斯的大爆炸，留下了许多让后人众说纷纭的疑点。到底是陨石撞击了地球，还是一场热核爆炸，或是其他一些反常的自然现象导致了这次大爆炸，人们至今没能找到一个合理的答案。

神秘 大爆炸

通古斯大爆炸是根据事发地附近的通古斯河而命名的。1908 年 6 月 30 日早晨，印度洋上空一个强度相当于广岛核爆炸数百倍的火球划过天空以风驰电掣般的速度向遥远的地球北方冲去。不久之后，一声震天撼地的巨响从西伯利亚中部的通古斯地区传来，巨大的蘑菇云腾空而起，直冲到 19.31 千米的高空，天空出现了强烈的白光，气温瞬间灼热烤人，灼热的气浪此起彼伏地席卷着整个浩瀚的泰加森林，近 2 072 平方千米的土地被烧焦。有人被巨大的声响震聋了耳朵；人畜死伤无数；英国伦敦的许多电灯骤然熄灭，一片黑暗；欧洲许多国家的人们在夜空中看到了白昼般的闪光；甚至远在大洋彼岸的美国，人们也感觉到大地在抖动……现在科学家认为是一颗彗星或者小行星的残片引发了历史上有名的"通古斯大爆炸"。

通古斯大爆炸发生在北纬 60.55°、东经 101.57°，靠近通古斯河附近。具体时间为早上 7 时 17 分，后来经估计，这次爆炸的破坏力相当于 100 万 ~150 万吨 TNT 炸药，可让超过 2 150 平方公里内的 6 000 万棵树倒下。专家推测说，如果这一物体再迟几小时撞击地球，那么此次爆炸很有可能发生在人口密集的欧洲，而不是人口稀少的通古斯地区，那样所造成的人员伤亡和损失将不堪想象。

这次神秘大爆炸的威力巨大，以至于因爆炸而产生的地震，波及了美国的华盛顿、印度尼西亚的爪哇岛等地。同时，它那强大的冲击波横渡北海，使英国气象中心监测到大气压持续 20 分钟左右的上下剧烈波动。爆炸过后，西伯利亚的北欧上空布满了罕见的光华闪烁的银云，每当日落后，夜空便发出万道霞光，有如白昼。

一百多年来，科学家们一直没有停止对此事的调查，究竟是什么东西引起如此巨大的爆炸呢？这一问题深深吸引着天文学、地球学、气象学、地震学和化学等领域的科学家。

当地的通古斯人认为，此次大爆炸是上帝对他们的惩罚，一提起这场爆炸，他们便显得忐忑不安。

陨石 引起爆炸

以苏联陨星专家库利克为首的科学考察队于 1921 年对通古斯地区进行了首次实地考察，他们宣称，爆炸是一颗巨大的陨星撞击地球造成的。此次考察为科学地解释这一震惊世界的大爆炸奠定了基础。这一科学考察队一直未找到陨星坠落的深坑，也没有找到陨石，只发现了几十个平底浅坑。"陨星说"还只是当时的一种推测，并没有充足的证据。随后库利克又对此进行了两次考察，并且发现了许多奇怪的现象，他们发现，爆炸中心的树木并未全部倒下，只是树叶被烧焦；爆炸地区的树木生长速度加快；其年轮宽度由 0.4~2 毫米增加到 5 毫米以上；爆炸地区的驯鹿都得了一种奇怪的皮肤病——癫皮病等等。

科学家 说法不一

第二次世界大战后，由于人类首次领略了核爆炸的威力，有专家指出，通古斯爆炸有可能是核爆炸。那雷鸣般的爆炸声、冲天的火柱、蘑菇状的烟云，还有剧烈的地震、强大的冲击波和光辐射……这一系列的现象与通古斯大爆炸都极为相似。前苏联科学家法斯特经过 35 年的努力，拼出了爆炸区域内被毁树木的详细解图，根据此图，科学家们推算出，造成爆炸的天体当时是自西向东飞行，在距地面 6.44 千米的高空爆炸所毁，就此，大爆炸的真实原因逐渐露出端倪。

随着科学的不断进步，综合了各国科学家收集的材料，美国人甚至用计算机模拟出了大爆炸的真空效果。德国科学家提出这是一场"反物质"爆炸；美国科学家爱施巴赫认为这是宇宙微型黑洞爆炸；有人推测是一次热核爆炸；还有人推测这是外星人造访地球时飞船失事的结果。相信这一世纪之谜将会随着科技的不断进步最终被彻底揭开。

沸腾的泉水

SHI JIE TAN SUO FA XIAN XI LIE

　　冰岛间歇泉随处可见,最大的间歇泉位于岛的西南部,其中最有名的要数斯丘古泉。斯丘古泉雾气萦绕的宁静水面,每隔一段时间,大约4~10分钟,便会失去平静变成沸腾的大锅,猛烈喷出一道高高的水柱,场面十分壮观,吸引了大批游客前来一睹盛况。

斯丘古泉 奇观

　　斯丘古泉的中文翻译为"翻滚的泉水"。斯丘古泉像受人控制一样,每隔一段时间,便向空中喷出一道高达22米的沸腾水柱。几秒钟后,古泉中响起一阵蒸气嘶鸣声,喷泉便停歇下来,水面重新归于平静,上面笼罩着一层蒸气。不久水面又开始起伏,预示另一次喷发快要来临了,然后水面起伏加快,中间鼓起并冒出气泡,跟着一阵轰鸣,气泡突然爆裂,水柱再次喷出。

　　斯丘古泉位于冰岛的地热区,在"无烟城"雷克雅未克以东80千米处。这个地区有许多热水蒸气池和热泥浆池。大喷泉也在这里,此泉是喷发力最强的间歇泉,享有很高的知名度。

　　大喷泉泉水喷发力极强,泉水喷射高度曾达到过70米。1810年时,此泉每隔半小时喷射一次;5年之后,泉水喷射间隔的时间延长到6小时;到1916年,喷射完全停止;1953年,大喷泉又恢复每半小时喷射一次。

　　如今,大喷泉又"神经兮兮"地归于沉寂。有时技术人员为了向参观者展示壮观场面,会把大量皂液灌进泉里,提高泉水密度,好像给泉眼加上盖子,使蒸气不能散发,然后抽掉部分皂液,降低压力,泉水随即就喷射出来了。

形成条件

科学家指出,适宜的地质构造和充足的地下水源是形成间歇泉最根本的因素。

喷发景观雄伟
科学家虽已揭开了间歇泉的神秘面纱,但人们仍为它雄伟而瑰丽的喷发景观所倾倒。

喷泉 形成的原因

冰岛位于中大西洋海岭上,正好处在两块巨大地壳板块分离之处。这里地壳薄弱,地下的熔岩涌上来,加热了地下水,形成间歇泉喷出来。

温泉和热泥浆池往往位于熔岩接近地表的地方,且靠近地下含水层,惠特河谷就是这样的地方。熔岩把含水层及其中的地下水一起加热。热水若不受阻碍,就会升到地表,形成沸腾的温泉或热泥浆池。然而,如果有一部分水困在含水岩石的孔隙中被加热到更高的温度,就会形成间歇泉。起初,水因受压而不能沸腾,随着热度升到超过正常沸点6℃时,泉水开始沸腾。蒸气压力越来越强,令泉眼上的水冒泡鼓起,这样减低了里面的压力,诱发更多的水沸腾起来。

最后,过热的蒸气把热水柱喷射出来,就像从大炮中射出一样。接着水又开始在受热的岩石孔隙中积聚,整个爆发过程又一次开始了。

间歇泉的能源
地壳运动比较活跃地区的炽热的岩浆活动是间歇泉的能源,因而间歇泉只能位于地表稍浅的地区。

水井之谜

SHI JIE TAN SUO FA XIAN XI LIE

　　一口普普通通的水井本来平凡无奇，然而它却莫名其妙地与两桩命案联系在一起。而这之后引出的一个个连科学家都无法解释的谜团，更令它笼罩了一层神秘的面纱。那么这口看似普通的水井到底隐藏着什么秘密呢？

　　1930年，瑞士日内瓦的郊区，加尔吉镇发生了一件杀人毁尸案。一对夫妻吵架后，丈夫基伦残忍地勒死了和他共同生活了10年的妻子凯瑟琳，然后把尸体抛弃在后院的井里。基伦杀死了自己的妻子后，终日忧心忡忡，最终患上了神经衰弱症。1932年冬天，基伦在喝了酒以后，到警察局自首。警察展开调查，到他所说的水井中去打捞。可那里不但没有凯瑟琳的尸体，就连衣服的碎布都没有发现。

　　但自此以后基伦却疯了，后来他被收容在精神病院里。

　　基伦投案三个月后的一天，流经日内瓦市的罗尼河西岸边漂来了一具女人的尸体。经过调查，警方确认那是凯瑟琳的尸体。验尸的医生断定这具尸体的死亡时间大约在24小时至30小时之间，但是从她身上的穿着看，却是早已过时的衣服。

　　这则消息轰动了整个城市。基伦闻讯后，在一天夜里，从医院中偷偷溜了出来，一回到家就投井自杀了。

　　同样的，警方在井里也没有发现基伦的尸体。事隔半年，基伦的尸体也被发现于罗尼河上。出现的地点跟发现凯瑟琳的地方不同，是在基伦的家到罗尼河距离5千米远的地方。

　　和凯瑟琳的尸体一样，基伦的尸体完好无损，没有腐烂，像刚刚断气不久的样子。地质学家们经勘查后认为：基伦家的水井底是柔软的沙子，可能是基伦的尸体被沙土吸了进去，经过半年以后，流动到罗尼河底的。

　　那么，凯瑟琳的尸体为什么要费时两年才被发现？而且，医生还断定死期是在被发现的前一天呢？尸体长时间被浸泡在水里，为什么不腐烂呢？这一直都是一个谜！

沙地吃人之谜

SHI JIE TAN SUO FA XIAN XI LIE

当你立于沙地之上时，你可曾想到脚下这片看似平淡无奇的沙地很可能暗藏杀机？在莱茵河上游一条马路边的一块空地就是这样，它会在瞬间吞噬生命。这绝不是危言耸听，而是真实的事件。读过这则故事，你会知道世界之大无奇不有。

　　沙地能"吃人"，不仅"吃人"，它还能一口吞下 10 吨重的物体呢！对于这一奇异的自然现象，你不得不信，因为它确确实实地发生过。

　　1959 年 5 月 17 日，在莱茵河上游的一条乡下路上，一辆载有 10 吨重货的重型卡车在急速行驶着。司机哈因利吉在这风和日丽的天气下行车，稍稍感到有几分困意。哈因利吉决定还是休息一下再走。于是他把方向盘一转，车子开进马路边的一块空地上去。车子驶进去的刹那，发出了"喀喀"两声响，便不动了。哈因利吉感到特别奇怪，引擎并没有停止，车轮也还在旋转，车子在坚固的沙地上没有理由不动。于是，哈因利吉把油门踩到底，再按点火栓，车子依旧"无动于衷"。再看外面，奇怪，车子已陷入地里了！他想打开门跑出来，但车门的下半部已经在地下动不了了。他几乎不能相信自己的眼睛，但是眼前发生的事实让他不得不信了。此时哈因利吉灵机一动，把窗子打破，爬上卡车顶部，往下一看，车身的 2/3 已经陷入沙地里边，而且还在继续下沉，发出"咯吱、咯吱"犹如人在吃东西时发出的声音。沙地仿佛变成了一只凶猛的动物，将一辆载有 10 吨重货物的车恶狠狠地吞了进去。哈因利吉使出浑身解数跳下车。但刚一跳下去，两脚就陷入沙地之中不能自拔，犹如陷入泥淖一样。哈因利吉慌乱极了，他拼命挣扎，所幸拉住一块硬地的草丛，费尽全身力气才爬了上来。

　　哈因利吉侥幸得救了，但是回头一看，那辆 10 吨重的大卡车却被深深地埋到地下，完全不见了。这片神秘的沙地胃口竟然如此之大！它到底拥有什么秘密呢？到目前为止，有关专家还无法搞清楚原因何在。

通向大海的近 4 万个 台阶

SHI JIE TAN SUO FA XIAN XI LIE

爱尔兰海边的数万个石阶历经千百年来海浪的拍打、冲洗依然屹立不倒。这处令人赞叹的美景到底是人类的"鬼斧神工",还是大自然创造的奇迹?又有谁知道,这些通向大海的台阶,它的尽头到底是美丽的天国还是可怕的地狱?

爱尔兰北部海岸的一个海角,数以万计的多角形桩柱呈蜂巢状拼在一起,构成一道独一无二的阶梯,直通到海中。火山熔岩慢慢冷却后究竟会变成什么模样,这是最壮观的实例。

按照爱尔兰流传的神话传说,爱尔兰巨人麦科尔砌筑了一条路,从他在爱尔兰北部安特里姆郡的家门穿过大西洋,到达他的死敌苏格兰巨人芬哥尔在赫布里底群岛的根据地。可敌人却狡猾地主动出击,从自己的斯塔法岛来到爱尔兰。麦科尔的妻子骗芬哥尔说熟睡中的麦科尔是她襁褓中的儿子。芬哥尔听了非常害怕,襁褓中的儿子已如此巨大,他的父亲一定更加巨大,于是惊惶地逃到海边一处安全的地方,并立即把走过的路拆毁,令砌道不能再次重复使用。

令人惊叹 的奇观

虽然科学家不知道这个名叫贾恩茨考斯韦角的海角是怎样形成的,但因何会流传这样一个神话却不难想象。砌道的规模远非古代人类所能创造的。从高空俯视,它确实像沿着275千米长的海岸,由人工砌筑出来的道路,而且还往北延伸了150米,进入了大西洋。大部分的柱桩都高达6米,有些地方的柱桩还要高一倍多。构成这条路的柱桩数目更是骇人:有37 000多根玄武岩柱桩,全都是形状规则的多角形,大部分是六角形,还很紧密地拼合在一起,要插把刀子进去都很困难。

在麦科尔路的另一端,即距此120千米外,有一个斯塔法岛,四周全是40米高的悬崖环绕,如那条路一样,由笔直的玄武岩柱桩构成。在岛上,由英国博物学家班克斯爵士起名的芬哥尔洞深达60米,洞的顶、底和四壁全是黑色的玄武岩柱桩。

贾恩茨考斯韦角的柱桩可分作三组,成为三个天然平台,分别为大砌道、中砌道和小砌道。每组桩柱都被人起了古怪的名字,例如如愿椅、扇子、烟囱顶,以及名副其实的巨人风琴,因为这组柱桩高达12米,样子就像教堂里的风琴管。

神秘的海角

贾恩茨考斯韦海角就像是
巨人的杰作，留给后人无限
的想象空间。

自然创造 的奇迹

贾恩茨考斯韦角于1692年被德里主教发现。在18世纪初虽然有几个人来过这里，但到18世纪末，它仍然鲜为人知。后来，德里主教委托都柏林学会和英国皇家学会的会员为此地绘制了一系列精确的素描和油画，才引起了科学界和世人对这批奇怪石头的注意。19世纪到过这里的小说家萨克雷说，这些石头看来像很久以前的神仙故事，里面关着个很老很老的公主，还有妖龙守卫着。

撇开神话不谈，关于这条石道是怎样形成的，就有过多种解释。有人认为是石化了的竹林，或是海水中的矿物沉积所致。今天，大部分地质学家都认为它是缘自火山活动。约在5 000万年前，爱尔兰北部和苏格兰西部的火山开始活跃起来，地壳上不时出现火山爆发，涌出的熔岩流遍周围，深达180米。熔岩冷却后硬化，但在新的一轮火山爆发之后，另一层熔岩又覆盖在上面。熔岩覆盖在一片硬化的玄武岩层上，就冷却得很慢，收缩也会很均匀。熔岩的化学成分使冷却层的压力平均分布于中心点四周，因而把熔岩拉开，形成规则形状，通常为六角形。这个过程只须发生一次，基本形状确定下来后，六角形便会在整层重复形成。冷却过程遍及整片玄武岩，因而形成一连串的六角形柱桩。在首先冷却的一层，石头收缩，裂成规则的棱形，就像干涸河床上泥土龟裂一样。当冷却和收缩持续时，表面的裂缝向下伸展，直到整片熔岩把石头分裂成直立的柱桩。千万年以来，海洋侵蚀坚硬的玄武岩柱，造成今天柱桩高低不一。冷却的速度亦对石柱的颜色有影响。石内的热能渐渐散失后，石头便氧化，颜色由红转褐，再转为灰色，最后成为黑色。

受保护情况

贾恩茨考斯韦海角首见记载为1693年，1986年被联合国教科文组织列入世界遗产保护区。

这条石道给世世代代的艺术家和作家带来不少创作灵感，其中最具代表性的要数19世纪的浪漫派艺术家。曾经有一位艺术家描述这条砌道说："造化的祭台与殿宇，其对称与典雅的外形，以及壮丽雄伟的气势，是造化才能成就之作。"

SHI JIE TAN SUO FA XIAN XI LIE

法兰西『手印』

远古人类在祭祀中的仪式纷杂，但他们是否会把他们的某个手指切掉呢？这是研究法国西南部加加斯山洞壁画的专家提出的一个怪异的问题。这个山洞里的史前壁画与西班牙文塔米拉及法国拉斯考等山洞壁画类似，同样让人捉摸不透。

"手掌 山洞"

加加斯山洞位于欧洲比利牛斯山脉，素有"手掌山洞"之称。在加加斯山洞里面黑色洞壁上的壁画，虽历经了35 000年的岁月，却仍旧光彩夺目，不曾退色。因此加加斯山洞被人们称为"手掌山洞"。

加加斯洞穴 手印谜团

加加斯洞穴的手印，也许是现存最古老的洞穴艺术品，约形成于35 000年前的冰期后期，由今天欧洲人直系祖先克罗马农人绘制而成。克罗马农人是旧石器时代某些穴居部族中的一支，但他们不是最早在加加斯山洞壁上留下痕迹的生物。在他们之前，在洞内留下痕迹的是一度在西欧各地出没的巨熊。这些巨熊像今天的家猫在家具上磨砺利爪一样，也在洞壁软石上磨，在石壁上留下了爪痕。在这些爪痕之间，散布着一些凹入土中的连绵曲线，则可能是人类在模仿巨熊时留下的痕迹，其历史也许比手印还要久远一些。

加加斯洞壁上，总共有150多个模绘或手绘的印记，其中大部分都是左手而不是右手的手印。手印本身以及黑色手印四周边框的颜色，大多是红赭色。但不论红色或黑色的手印，用手电筒或灯光照射时，都散发着神奇的光泽，因为岩画表面覆盖着一层薄而透明的石灰石。由于加加斯山洞里面极为潮湿，这种沉淀物仍在不断沉积。有些掌印呈黑色，印在红色框里，另一些则是红色。但大多数掌印总有两只或多只手指缺了节，这是为什么呢？至今还没有答案。

手印的 制作

与此一致，澳大利亚土著居民和非洲某些部落在山洞中也遗留下了一些手印，这很可能是原始民族文身习俗的外延行为。手掌涂上红赭石颜料，再压在洞壁儿滑的石块上，便会留下掌印。至于所产生的模绘效果，则可

能是手掌压上石壁时，将液体或粉状颜料吹喷到手上造成的。加加斯洞穴的手印以左手为多，颜色很可能是从右手所持的管子喷洒出去的。

几种 推测

洞穴壁画中的手印通常至少有两根手指的前两节不知去向。有时四根手指均如此；有时除食指外均如此；有时只有食指及中指如此；有时则只有中指与无名指如此；然而拇指永无残缺现象。

经过仔细研究，人们发现这些手指极可能是被强行切去的，并非只是翘了起来。有人说，由于克罗马农人生活于冰期的后期，也许他们由于冻疮而失去了手指。可是，有些人类学家认为，他们切去一节或两节手指可能是一种宗教祭祀行为，但是这种断指行为有什么用意，至今尚无人知晓。如今的非洲卡拉哈里沙漠地区一个游牧民族和北美洲的印第安人，也有类似的断指习俗，以断指来作为祈祷新生婴儿好运的祭礼或祈求猎神赐福。

Bukesiyi De Diqiu Xuan'an

|不可思议的地球悬案|

3

非洲

Feizhou

撒哈拉**绿洲**之谜
SHI JIE TAN SUO FA XIAN XI LIE

撒哈拉沙漠的气候条件极其恶劣，因此有人称其为"地球上最不适合生物生存的地方"之一。可能正是因为它的荒凉、孤寂，撒哈拉之旅才成为探险家心中"世界十大奇异之旅"之一。然而，它从古至今就是这个样子吗？奇妙的山洞岩画又在暗示着什么呢？

撒哈拉大沙漠地处非洲北部，西起大西洋，东到红海，纵横于大西洋沿岸和尼罗河河畔的广大非洲地区，总面积约 800 万平方千米，是世界上面积最大的沙漠。撒哈拉大沙漠是由许多大大小小的沙漠组成的，平均高度为海拔 200~300 米，中部是高原山地。它的大部分地区的年降水量还不到 100 毫米。干旱的撒哈拉地区气温最高的时候竟可以达到 58℃。在撒哈拉大沙漠中，放眼望去均是沙丘、沙砾和流沙。所以，"撒哈拉"一词在阿拉伯语中是"大荒漠"的意思，它非常形象地说明了撒哈拉大沙漠是多么地荒凉。

那么，撒哈拉大沙漠从古至今一直都是这样荒凉吗？

曾经的 绿色平原

人们经过艰苦探索，终于发现远在公元前 6000~ 前 3000 年的远古时期，撒哈拉大沙漠曾是一片绿色的平原。早期居民曾经在那片绿洲上创造出了非洲最古老而灿烂的文明。

19 世纪中叶，德国一位叫巴尔斯的探险家在阿尔及利亚东部的恩阿哲尔高原地区意外地发现了几处古代的文化遗址。那一天，巴尔斯在恩阿哲尔高原地区考察时，前边出现了一处高高的岩壁。巴尔斯抬头一看，只见那高高的岩壁上好像刻画着许多精致的岩画。巴尔斯走到岩壁前仔细观察，他发现这些图案当中除了刻有马和人外，竟然还刻画着水牛的形象，而且水牛的形象刻画得特别清晰。

巴尔斯感到非常惊讶，撒哈拉大沙漠里怎么会有水牛的岩画呢？巴尔斯感到非常费解。不久，巴尔斯在撒哈拉大沙漠的其他沙漠地带，也发现了刻有水牛形象的岩画。这时，巴尔斯开始思考：撒哈拉大沙漠里有水牛的岩画，这说明这里曾经生活过水牛，不然，人们不会靠凭空的想象把水牛的形象刻画在岩壁上。

自然条件

撒哈拉沙漠是世界上阳光最多的地方，也是世界上自然条件最恶劣的沙漠。

既然这里有水牛，那就可以断定这里在远古时代一定会有水和草，不然，水牛又是从何而来的呢？既然这里有水牛，也就可以说明在远古时代一定有游牧民族在这里居住过。如果按照这种情况往下推理，撒哈拉大沙漠在远古时代一定是个水草丰茂的绿洲。

沙漠惊现 **大量草原动物岩画**

后来，巴尔斯在恩阿哲尔高原地区的岩壁上，还发现了犀牛、河马和其他一些在草原或丛林里生活的动物的岩画。他还惊奇地发现，在这些岩画里竟然没有骆驼这种动物。巴尔斯推测：有沙漠的地方，就会有骆驼；只有在有水和草的草原上，才会有水牛和河马。这就说明这里在远古时代一定是有水、有草的大草原，而不是像现在到处都是沙丘和流沙的样子。于是，巴尔斯把撒哈拉大沙漠的历史分成了前骆驼期和骆驼期，用来说明撒哈拉大沙漠的草原时代和沙漠时代的鲜明界限。

后来的考古学家们都普遍采用了巴尔斯这种对撒哈拉大沙漠的历史分期法。

绿洲时代 **的消逝**

20世纪30年代，一位叫法拉芒的法国地质学家，来到阿尔及利亚的奥伦南部进行考察。他在那里也发现了一些古代洞穴壁画。经过认真仔细的研究，法拉芒觉得巴尔斯把撒哈拉的历史分成草原时代和沙漠时代是非常合理的。法拉芒还发现这些早期的古代洞穴壁画作品当中经常可以看到水牛的形象，到了晚期又忽然没有了水牛的形象。这是怎么回事呢？

法拉芒认为，那时候撒哈拉地区的自然条件肯定是突然发生了重大的变化，也就是说这里的水源没有了，撒哈拉才逐渐变成了沙漠。这么一来，撒哈拉地区原先的那些水牛也就没有办法再生存下去了。没有了水牛，居住在撒哈拉的人们当然也就不再去刻画它了。

撒哈拉地区的绿洲时代已经确定下来，那么撒哈拉的绿洲时代是什么时候结束的呢？它的沙漠时代又是什么时候开始的呢？也就是说，撒哈拉的文明是在什么时候衰落的呢？

科学家们发现，大约在公元前 3000 年以后的撒哈拉壁画上，那些水牛、河马和犀牛的形象逐渐开始消失了。这就说明，那时候撒哈拉地区的自然条件正在发生着深刻变化。到了公元前100 年的时候，撒哈拉地区所有的壁画几乎都"消失"了，撒哈拉地区的文明也就开始衰落了。

撒哈拉文明 衰落之谜

科学家们经过分析和研究推测，这也许是由于那时候的水源开始干涸了，气候开始变得特别干旱，要不然就是发生了饥荒或疾病。科学家们认为，撒哈拉地区的草原逐渐变成沙漠大概经历过这么一个过程：撒哈拉地区先是气候发生突然的变化，雨水迅速减少。一部分雨水落到干旱的土地上以后，很快就被火辣辣的太阳蒸发掉了。另一部分雨水流进了内陆盆地，可是由于水量不多，雨水也就滞留在了那里，盆地增高以后这些水就开始向四周流淌，形成了沼泽。经过一

地形
撒哈拉沙漠中有季节性泛滥的浅盆地和绿洲洼地，地形崎岖，遍布沙丘和沙海。

年又一年的变化,沼泽里的水分在太阳光的照射下慢慢变干了,这样沙丘就形成了。这时候,撒哈拉地区的气候变得更恶劣了,风沙也越来越猛烈。生活在这里的人们又不知道保护自己的生存环境,仍在大量砍伐树木和毫无节制地放牧,撒哈拉地区也就慢慢变成了沙漠地带。经过科学家们测定,山洞岩画上的骆驼形象大约是在公元前200年时出现的。也就是说,至少在公元前200年的时候,撒哈拉就已经变成了一片茫茫的沙漠。

撒哈拉岩画 之谜

经过科学家们的不断探索,撒哈拉地区的"绿洲之谜"终于初步揭开了。不过,科学家们对一些问题还是无法解释清楚。科学家们看着这些撒哈拉大沙漠里的岩画,不由得产生了这样一个疑问:在技术水平相当落后的史前时期,他们是用什么办法来创作这么多的岩画呢?

有的科学家说,阿尔及利亚的恩阿哲尔高原有一种岩石,叫赭石色页岩。它能画出红、黄、绿的颜色来,而且色彩十分艳丽。后来科学家们还在有岩画的山洞里发现了一块调色板,上面的颜料就是用这种页岩制作的。在这个调色板旁边,科学家们又发现了一些小石砚和磨石。所以说,史前时期生活在撒哈拉地区的人们也许是先用一种特别锐利的燧石,在岩壁上刻出野生动物和人物形象的轮廓来,然后再把用赭石色页岩做成的颜料涂抹上去。

然而,又一个谜团产生了——撒哈拉地区山洞里的那些岩画经历了数千年,为什么没有褪色,还是那样艳丽呢? 这个问题,直到现在也没有确切的答案,成为了一个千古之谜!

"伟大的 火星神"

1956年,亨利·诺特在阿尔及利亚阿哈加山脉东北面,发现了一个山洞,那里有一幅6米高的彩色人物岩画。这是一幅半身人像,刻画了人物的头、肩膀、两只胳膊和上身,奇怪的是没有嘴巴、鼻子、眉毛。更令人惊诧的是,这个人像的两只眼睛,一只眼睛在脸的正中央,而另外一只眼睛却长到了耳朵边上,那模样显得特别怪诞和滑稽。当时,亨利·诺特觉得岩画上的这个人物简直就像是另外一个星球上的人,于是诺特给这个人像起了一个名字,叫做"伟大的火星神"。

后来,许多看过这幅壁画的人,也都感到特别惊奇。因为它的表现手法,居然和法国现代派绘画大师毕加索的人物肖像画的表现手法极其相似,而且,壁画中的人物外形和毕加索作品中的人物外形也十分相像。

人们在惊叹之余,又提出了这样一个问题:撒哈拉地区那些远古时期的人们为什么要用这种变形的艺术手法来表现人物? 这当中又有什么奥秘呢?

以上的问题,一直到现在也没有人能够回答……

乞力马扎罗山 之谜

SHI JIE TAN SUO FA XIAN XI LIE

雄伟的乞力马扎罗山屹立于广阔的非洲大陆上，以其独特的景观闻名于世。远远望去，乞力马扎罗山拔地而起，高耸入云、气势磅礴。神奇的是，这座位于赤道附近的山峰却终年积雪，在缥缈的云雾之中，若隐若现，茫茫的白雪更使其显得神秘而圣洁。

天然 雪峰

乞力马扎罗山地处东非坦桑尼亚境内，与肯尼亚接壤，山长100千米、宽75千米，然而附近没有其他任何一座山脉形成于200万年前。当时此地的火山活动频繁，熔岩不时从地球内部涌出，但很快又被随后喷发的熔岩掩盖。现在我们所能看到的山峰，是三次地壳激烈活动时期形成的。居中的最高峰叫基博山，两边分别叫马文济山和希拉山。然而，乞力马扎罗的造山运动并未终结。在火山活动偃旗息鼓后，各种侵蚀力量仍对山峰进行着雕琢。

"非洲屋脊"
乞力马扎罗山是非洲海拔最高的山脉，素有"非洲屋脊"之称。

希拉山是海拔最低的山峰,是最初熔岩喷发形成,受到侵蚀作用后,形成了海拔3 778米的高原地形,而马文济山俨然就是基博山附近的一块疙瘩。

神奇的 自然景致

乞力马扎罗山的山麓地带已经被开辟为肥沃的农田,繁茂的热带雨林始于大约海拔2 000米处,在那里有着丰富的生物种类,森林里的各种鸟雀栖息在枝叶密度很大的森林中,植物下面又隐藏着小动物,像石南和苔藓这些典型的高地植物大概在海拔3 500米处,接近雪线的几乎都是高山植物。野猪和捕杀它们的豹子也可能在雪线附近出现,但都无法长久生活在雪线附近。马文济山与基博山之间形成了一个11千米长的鞍形地带,基博山的圆顶是个火山口,现在还有硫黄气逸出。基博山是这些山峰中仅有的位于雪线以上的一座山峰,覆盖了它北缘的冰川伸入到火山口。

乞力马扎罗山突兀地耸立在它周围的平原之上,因此乞力马扎罗山本身的气候会受到影响。从印度洋吹来的东风到达乞力马扎罗山后,遇到陡立的山壁的阻挡向山上攀去,气流里的水分在不同的高度会转化为雨水或霜雪,铺满山峰的冰雪很少是源自山顶的云,而是来自山下上升形成的云。所以山上的几个植被带与周围平原的热带稀树草原虽处在相同纬度却类型迥异。

乞力马扎罗山一年里来访的游客有上万人,人们被这座处于赤道附近却终年积雪的山峰所吸引,而这其中的原因只有科学家们才能解释清楚。

> **地位**
> 乞力马扎罗山是坦桑尼亚人民的"母亲山",是坦桑尼亚人民心目中的骄傲。

东非的『磬吉』之谜

位于马达加斯加北部的安卡拉那高原上,有着东非著名的『磬吉』。锋利而密集的石柱、声如破钟的岩石、无法穿越的尖石阵,奇特而稀有的动物,这一切构成了一个奇妙的世界。所以吸引了无数游人到此观光,也留下了许多未解之谜。

恐怖 之地

在东非地区那 180 米高的石灰崖顶上有个与世隔绝的世界。那里遍布着剃刀般锋利的尖峰,有些高达 30 米,即使最坚韧的皮靴几分钟内就会被削成碎片。人一旦失足便会头破血流甚至粉身碎骨。在这里,大眼睛的狐猴像可怕的鬼魅藏身树上;凶猛的鳄鱼深居于地下的洞穴里;哪怕你只是捏死一只野蜂,树上的蜂群就会一起出动用刺猛蜇你的身体。

马达加斯加南北长 1 600 千米,距非洲东海岸 600 千米,是世界上第四大岛,面积 60 万平方千米。马达加斯加因为岛上泥土的颜色是红色,故而又名"大红岛"。当然,由于人为的破坏,岛上的泥土大量地被冲流到海里。岛上还有一些在其他地方见不到的生物。

最初,马达加斯加岛完全被夹在印度南端、非洲东岸和南极洲北岸之间。在恐龙时代,非洲大陆与马达加斯加岛是一块并未分割的土地,恐龙可以从非洲缓步到马达加斯加。马达加斯加与非洲分裂后的数百万年间,动物依靠漂浮的植物通过海峡来到了岛上。4 000 万年前,海峡明显变宽,生物的迁徙不得不终止。而在公元 500 年从印尼乘船而来的宾客成了岛上的第一批居民,而此时,邻近的东非还没人登上马达加斯加岛。

安卡拉那高原是典型的喀斯特石灰岩地貌。每年近1 100厘米的降雨量，再加上千万年的冲刷，尖硬的岩石被雨水溶掉了，溶掉后又形成了锋利的尖柱、尘锥以及峰脊。在石灰岩中有长满林木的峡谷，谷里有着茂盛的棕榈树，猴面包树、无花果树大约在25米处构成了一大片醒目的树冠。在其南面720千米的贝马拉哈国家保护区，也有相同的地貌存在。

当地人称高原中部那些令人生畏的岩石为"磬吉"，因为敲击时会发出破钟似的低沉声。但这种岩石为何发出这种声音，却无人能够解密。马达加斯加人说"磬吉"没有一处容得下一只脚的平地。一些学者和专家曾试图穿过曲折的尖石阵外围，最后也都无功而返。少数尝试穿越"磬吉"的人认为在安全高度内乘飞机俯瞰"磬吉"是一种最好的选择。

野生动物 多种多样

随着马达加斯加的土地大量地被开垦，野生动物的生存环境也受到破坏。不过贝马拉哈保护区和安卡拉那高原仍能为稀有动物提供保护，有几种马达加斯加的狐猴就生活在石灰岩中的树上和尖峰的隙缝中。

狐猴属低等的灵长类动物，与猿、猴和人类有远亲关系。狐猴中较大的原狐猴喜欢在白天的时候集体觅食，而稀有侏儒狐猴却喜欢在夜间单独寻找食物。

这里还有一种穴居的鳄鱼，身长可达6米，能够把人抓住吞食。在旱季(5~10月)鳄鱼生活在安卡拉那的河中。

当然人们无须太过担心，因为这种鳄鱼要在阳光下才会活跃起来，而地下水的温度在26℃以下，它们处于近乎休眠的状态。

在地下河里的鳗鱼皮质坚韧，虽比鳄鱼小却同样危险。最短的鳗鱼也有1.2米长，它们生性凶猛，嘴里满是锋利的牙齿。即使没有受到刺激，它们也会突然攻击游泳的人，甚至破坏充气的小艇。

珍稀动物
贝马拉哈保护区内生活着各
种珍稀动物，上图为狐猴，下
图为当地特有的鳄鱼。

生活在安卡拉那和贝马拉哈保护区的野生动物因那里偏僻荒凉的环境而受益。而岛上的其他地区就不是这样了。岛上的珍稀动物面临着巨大威胁。狐猴是此地仅有的哺乳动物。此地的昆虫大概也有 230 多种。

马达加斯加还有 250 余种鸟类，可谓种类繁多，其中这里独有的鸟类就有 100 多种。而砍伐雨林和异地游客不负责地猎杀是造成鸟类数目锐减的主要原因。

隆鸟的灭绝让我们更深刻地认识到人类造成的破坏。最后见到隆鸟的记录是 1666 年。隆鸟曾是世上最大的鸟，它不会飞，身体比鸵鸟要大，体重可达 450千克，卵比鸵鸟卵大 5 倍。

变色龙也受到了人类的威胁，世界上有一半种类的变色龙产于马达加斯加岛。它们从不伤人，马尔加西人却很怕变色龙，在他们看来人死了未能安息的灵魂就附在变色龙的身上。他们还相信变色龙那两只能各自转动的眼睛一只可回顾过去，另一只可展望未来。

让人高兴的是，拯救濒临绝种动物的计划已经落实到行动上。岛上也有一些令人鼓舞的迹象，例如鸟类学家正在研究有灭绝危险的蛇鹰和鱼鹰。

此外，绿色旅游的实施，可确保安卡拉那的稀有动植物不再受破坏而繁衍下去。专家学者对这一地区的研究和探索仍在继续，并试图解开他们心中的疑惑。

石头杀人之谜

SHI JIE TAN SUO FA XIAN XI LIE

　　石头也会杀人吗？这让人们产生了深深的疑惑。在非洲的耶名山就曾发生过石头杀人的恐怖事件。究竟是石头本身具有致命的神力还是有其他人所不知的原因呢？

　　耶名山坐落在非洲马里境内，山上是一片茂密的森林。森林中生活着各种巨蟒以及其他凶残的猛兽。然而，在耶名山的东麓，却极少有飞禽走兽的踪迹。就连当地的土著居民对这个地方都感到恐惧、厌恶，同时又非常敬畏。

　　在 1967 年春天，耶名山地区发生强烈地震。站在震后的耶名山东麓远远望去，远处的山峰笼罩着一种飘忽不定的光晕，尤其是雷雨天，更是绮丽多姿。当地人说，历代酋长的无数珍宝便珍藏在那里，从黄金铸成的神像到各种宝石雕琢而成的骷髅，应有尽有。那神秘的光晕就是震后从地缝中透出来的珠光宝气。但这个说法究竟是真是假，谁也不能证实。马里政府为了探明事实真相，派出了以阿勃为队长的 8 人探险队，进入耶名山东麓进行实地考察。探险队刚来到这里，就下起了大雨。在电闪雷鸣中，阿勃清晰地看到不远处那片山野的上空冉冉升起一片光晕，光亮炫目。光晕由红色变为金黄色，最后变成碧蓝色。

暴雨穿过光晕，更使它姹紫嫣红。雷雨刚停，阿勃便不顾山陡路滑，道路泥泞，下令马上向发光处进发。探险队在途中发现许多死人。这些死人身躯扭曲，口眼歪斜，表情非常痛苦。从尸体判断这些人已经死去很长时间，但奇怪的是，在这么炎热的地方，尸体竟没有腐烂。这些人可能是不听劝告偷偷进山寻珍宝的。可是他们为什么会莫名其妙地死去呢？

　　探险队员继续四处搜寻线索。突然间，一名队员发现一条地缝里发出一道五颜六色的光芒，难道这真是历代酋长留下的珍宝？经过一个多小时

的挖掘,人们终于从泥土中清理出一块重约5 000千克的椭圆形巨石。半透明的巨石上半部透着蓝色,下半部泛着金黄色的光芒,通体呈嫣红色。

探险队员们费了九牛二虎之力才把巨石挪到土坑边上。这时一名队员突然觉得四肢发麻,全身无力;另一位队员也感到眼前一片模糊,接着队员们纷纷开始抽搐,并相继栽倒。此时,只有阿勃还保持清醒,他想这一切可能与那块巨石有关。

他不由得想起那些死因不明的尸体,浑身不禁一颤。为了救同伴,阿勃强拖着刚刚开始麻木的身体,摇摇晃晃地向山下走去,准备叫人来。刚走下山,他就一头栽倒了。过路的人发现了躺在路边的阿勃,把他送进了医院。经抢救阿勃终于清醒了过来,并将所发生的事告诉人们。之后,他又闭上了双眼。医生检查发现,阿勃受到了强烈的放射线的照射。

与此同时,相关部门就已经派出救援队赶赴山上抢救其他7名探险队员,但那7名队员无一生还。而那块使许多人丧命的"杀人石",却异常神秘地从陡坡上滚入了无底深渊。科学家们想解开"巨石杀人"之谜,但因找不到实物而无法深入研究,这便成了自然界中一个让人不解的悬案。

尼奥斯湖杀人之谜

SHI JIE TAN SUO FA XIAN XI LIE

1986 年 8 月 21 日喀麦隆发生一桩震惊世界的惨案，尼奥斯湖附近的居民在睡梦中莫名地死去，大批牲畜也窒息而亡。究竟是什么原因导致了命案的发生？人们迷惑不解。

尼奥斯湖位于喀麦隆帕美塔高原的山坡上。那里湖水清澈，草木茂盛，是旅游的好去处。住在湖区山谷里的人们生活一直非常平静，周围的一切都是得那么安静祥和。1986 年 8 月 21 日晚间，一阵闷雷般的轰响打破了黑夜的宁静，尼奥斯湖面中央突然掀起了八十多米高的水浪，澄澈的湖水顿时变得一片浑浊。大约半小时后，尼奥斯湖区山谷下的 1 700 多名居民和不计其数的牲畜都离奇地死去……

隐形 杀手

惨案发生后，多国科学家组成的调查小组立即对尼奥斯湖地区进行了实地考察。他们对湖水进行了取样分析，并详细听取了幸存者的陈述后发现，原来凶手是尼奥斯湖所喷发的毒气。在 21 日夜里，尼奥斯湖突然喷发出的水浪中含有大量的二氧化碳、硫化氢等有毒气体，这股强大的气体比空气重，这些气体就像暴发的山洪一样沿着山坡倾泻而下，涌入了居民区，滚滚涌来的毒气导致低洼地带的大量人畜瞬间丧命。可是，尼奥斯湖为什么会喷发毒气呢？

湖底的 杀机

原来，尼奥斯湖是一个火山口湖，湖底的火山口一直在不断涌出二氧化碳、硫化

白天的湖面

白天，宁静的尼奥斯湖湖面在阳光的照射下波光粼粼。

氢等气体。但在湖水巨大的压力下,大量火山气体被迫积聚在湖底。而越聚越多的二氧化碳一旦找到出口,就会冲出湖面,其他火山气体也会随之喷涌而出。一些专家认为,湖底的水接触到火山口下炽热的岩石后,形成了一股强大的蒸汽,这股蒸汽将湖底含大量二氧化碳的水冲上了天。还有的专家认为,湖面的水流由于季节转换而变凉,同下面较暖的水形成对流,"引爆"了湖底的二氧化碳。但众多专家始终未能就尼奥斯湖喷发毒气的原因达成共识。

为尼奥斯湖 排毒

从1986年尼奥斯湖喷发毒气至今已有二十多年,此后,它再度陷入了沉寂。但是,沉寂是否是在酝酿下一次的喷发呢?为此,科学家们从2001年起开始尝试为尼奥斯湖排掉湖底的毒气,具体做法是将排气管插入湖底,将湖底的二氧化碳等有害气体导出湖面并有序释放,以避免毒气在湖底聚积再度喷发。但由于资金等客观条件的限制,目前所安装的排气管远远达不到彻底排毒要求,加之尼奥斯湖每天仍在积聚毒气,目前湖水中有害气体的含量甚至比1986年灾难发生时的含量还要多。

地理位置
尼奥斯湖位于火山口,四周都是火山岩。

有毒气体
尼奥斯湖水中含有大量的有毒气体,其排毒工作也是异常复杂的。

每年1月7日埃塞俄比亚圣诞节这一天，埃塞俄比亚的基督教信徒们会汇集到有着「非洲奇迹」之称的拉利贝拉。这些由整块巨石雕凿而成的教堂，以其雄伟和壮丽吸引了无数游客。到底出于什么原因使拉利贝拉国王做出建造圣城的决定，至今无人知晓。

石头教堂之谜

SHI JIE TAN SUO FA XIAN XI LIE

岩石的 "秘密"

埃塞俄比亚的岩石教堂举世闻名，最有名的当数亚的斯亚贝巴以北三百多千米的拉利贝拉岩石教堂。拉利贝拉岩石教堂由11座基督教堂构成，每一座教堂都是由整块的巨大岩石雕凿而成。所有建筑大体上采用拜占庭教堂的布局风格，有长方形会堂和三个供信徒进出的门。拉利贝拉教堂始建于12世纪后期拉利贝拉国王统治时期，拉利贝拉独石教堂即是以这位国王的名字命名的，并有"非洲奇迹"之称。它是12世纪和13世纪基督教文明在埃塞俄比亚繁荣发展的非凡产物。

据现代人所知，葡萄牙的神甫阿尔瓦雷斯在16世纪的时候成为了第一个来到这里的人，看到这件用岩石雕刻而成的巨型杰作，他不禁发出了"举世无双，不可思议"的感叹。400年以后，拉利贝拉依然令人叹为观止。教堂里面不仅有中殿、通道、祭坛，而且还有凿去岩石而形成的院子，到访的人对此奇景只能不停地发出赞叹。

多种 传说

虽然我们难以考证这一奇景是谁设计建造的，但可以确定的是，拉利贝拉教堂一定是13世纪前期统治埃塞俄比亚的拉利贝拉国王受幻象感召而雕凿的。

拉利贝拉统治的时期被称为扎圭王朝，统治大约持续了 150 年。拉利贝拉统治时期之前的名字是罗哈城，之后为了纪念这位国王的功绩而改成了现在的名字。据传说，拉利贝拉的世系并不够正统，但他十分忠于历代信奉的宗教，而埃塞俄比亚王朝早在公元 4 世纪时就信奉基督教了。

当地流传的神话中曾说，基督曾经在拉利贝拉国王的梦中揭示天使会帮助石匠工作，这使拉利贝拉萌生了建造圣城的计划。特格雷省中部还有好几百座用整块巨石雕凿而成的教堂，虽然比不上拉利贝拉的精美，但却无法在世界其他地方找到这样的教堂，这是证明这种建筑风格为埃塞俄比亚所独有的最好证据。神话传说固然不可尽信，但当地的石匠很可能是受到来自亚历山大港和耶路撒冷的巧匠和雕刻师的指导而修建这种教堂的。

巧夺 天工

拉利贝拉教堂显示了石匠高超的雕刻技巧。有人曾经做过粗略的统计，拉利贝拉教堂的建成，至少需要凿出 10 万立方米的石头。每座教堂都是一件独特的艺术品，从恢弘大气的支柱到精雕细琢的窗花，都是在矗立的岩石上精心雕刻的成果。教堂虽然距今已经有八百多年的历史，但仍然保持了原本的风貌，没有大的损坏。

据后人的猜想，要想完成这样宏伟的工程，石匠可能是先在山麓中开凿了长方形的深沟槽，形成一座直立的巨大长方形岩石，然后石匠们从顶上开始，围绕着岩石按照由上至下的顺序进行雕凿。拉利贝拉的岩石质地并不十分坚硬，雕凿起来并不是十分困难，但当时的工匠们是怎么解决照明和通风问题的呢？考古学家们一直对此疑惑不解。

拉利贝拉的夏季经常大雨倾盆，而有些教堂矗立在巨大的坑穴里，在内部施工的石匠很有可能被困在水里，因此石匠们非常聪明地在工地底部削出一道斜坡来解决这个问题。斜坡的顶部和排水边沟略带倾斜，这是非常有效的预防措施，即使是再大的降雨也不能造成被淹没的危险。

现在的拉利贝拉已经成为一个旅游胜地，只要天气和安全情况允许，游客便络绎不绝。但教堂的神秘气息却并没有削弱，因为人们一直在不停地猜想，到底是什么促使那位国王能够在那个时代、那个地方做出进行这么庞大的一个工程的决定呢？

特写
高耸的石头教堂顶部。

大津巴布韦之谜

SHI JIE TAN SUO FA XIAN XI LIE

　　"大津巴布韦"是非洲大陆上一大文明奇观。来到
这里参观的人都为它精巧、宏大的规模而感叹。从其建
筑工艺的角度看,该城完全可以与那些一千多年前修
筑的欧洲古堡相媲美。作为古代非洲文明的见证,这里
有着许多谜团等待后人破解。

神秘的 废墟

　　位于非洲大陆南端的津巴布韦共和国以盛产祖母绿而闻名,然而最使津巴布韦人民骄傲的
不是富饶的物产,而是他们国名的由来——大津巴布韦遗址。

　　在这个国家里布满了许多石屋废墟。1871年德国地质学家莫赫首先发现了这些石屋废墟。
经过后来的考证,科学家们确信,这座由坚硬的花岗岩石块砌造而成的石城,是由非洲黑人建造
的,这些遗迹被称为津巴布韦(津巴布韦在当地班图语中是"石头房子"之意),这便是津巴布韦
国名的由来。

　　石城位于津巴布韦东南方。这些顶部已经倒塌的石块建筑,占地面积约为0.24平方千米。
其中有一座位于山顶的石砌围城可以俯瞰全城,有人称之为"卫城"。不过这样的称呼并不确切,
因为后来有人考证认为,"卫城"并不是用于防卫的,而是一组贵族所居的宫室。也有人认为是用
来观赏风景的。山下的河谷里有一道围墙,围墙围绕着一块92米长、64米宽的地方,在围墙与
"卫城"之间则是一片神庙的废墟。

历史 悠久

　　对于石城的历史,莫赫试图从基督教《圣经》中找到答案。其中有一段关于示巴女王的记载,
3 000年前非洲有一个黄金贸易非常发达的的地方, 积聚了大量的财富。将这些描述综合起来
看,津巴布韦的这座石城很可能是那时候黄金贸易的副产物。也有人说,津巴布韦可能是所罗门
王所设立的宝藏藏匿之处,这笔宝藏可能为当时的朝廷提供了大量的财富。

　　这座非洲石城是什么时间建立的呢? 如果按照《圣经》中所说的,就应该是在基督诞生前
1 000年建造的。但许多考古学家都对此持怀疑态度,比较有影响的是苏格兰专家兰德尔·麦基

弗的质疑。在对废城仔细研究后，他断定这些石块的历史只有几百年，而不是几千年。正如上文所提到的那样，这座石城是由当地的非洲黑人所建造的。英国的考古学家卡顿·汤普森也确认了这一研究成果。后来其他的考古学家也纷纷对这一观点表示赞同，而且，这个观点也与班图语系各民族的历史传说相吻合。在传说中，这些民族从现在的非洲尼日利亚地区逐渐向东南迁徙，到基督纪元某个时期，占据了非洲东部和南部。

石城的 秘密

通过对发现的一些文物的鉴定，证明卫城上最早的人类迹象始于公元 2 世纪或者 3 世纪。到了公元 1200 年前后，今天绍纳人的祖先姆比雷人控制了这片区域。姆比雷人在采矿、手工艺和经商方面都曾经有着出色的表现，他们曾经建立了一个十分完善的政治体系。那些花岗岩高墙大概就是在他们文化全盛时期建造的。而神殿和围墙是相对来说较晚的建筑物，其他的那些房舍，据鉴定，大约是公元前 1200 年之后的两三个世纪才建造起来的。

历史学家通过对该地的古今地理特征研究发现，当地居民大约在 16 世纪初将此地的资源消耗殆尽，于是发生了大规模的迁移。这也许是卫城如今是废城的原因。但无论如何，当年巧夺天工的技术还是令我们赞叹不已。

遗址位置
遗址位于哈拉雷以南约三百千米处，共由九十多块花岗石砌造而成。

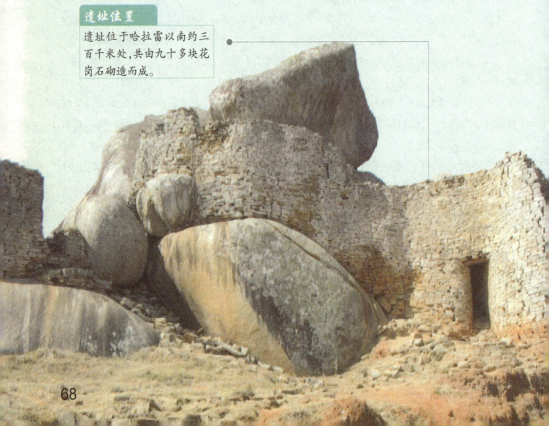

世界探索发现系列

Bukesiyi De Diqiu Xuan'an

|不可思议的地球悬案|

4

大洋洲

Dayangzhou

乌卢鲁之谜

SHI JIE TAN SUO FA XIAN XI LIE

　　号称"世界七大奇景"之一的乌卢鲁巨岩,以其雄峻的气势,巍然耸立于茫茫荒原之上。由于它久经风雨,所以岩石表面特别光滑。它又被称为"艾尔斯岩"、"人类地球上的肚脐"。乌卢鲁巨岩神秘而奇妙的色彩变幻吸引了无数游人,但至今仍无人知晓其变幻的原因。

富有"生命力"的巨石

　　在澳大利亚荒原中部有一块巨大的红色砂岩突兀地矗立着,就是这么一块石头,让许多人千里迢迢,不辞辛苦地来到澳洲荒漠。因为它是一块有"生命"的石头。

　　这块巨石生成于5亿~6亿年前,东高宽而西低狭,是世界最大的单一岩石,而且充满了神秘的气息。澳大利亚土著人认为这块巨岩是他们的所属物,是他们祖先从神灵那里得到的赐予,具有重要的宗教意义,巨岩上每一道风化的疤痕和纹路不仅对他们具有特别意义,也让每年到此的数以万计的世界各地的游客充满遐想。这块巨岩就是"乌卢鲁",也被称为"艾尔斯岩"。

　　乌卢鲁常被称为世界上最大的岩石,但其实它并不是岩石,而是一座地下"山峰"的峰顶。这座大山被埋在地下大约6千米的深处。在约5亿5千万年以前,澳大利亚中部还是一个巨大的海床,而这块岩石就是海床的一部分。后来海洋逐渐退却,地壳慢慢移动并隆起,高大的山峰就被土地所覆盖,只露出来一个山顶,它就是乌卢鲁,绕着乌卢鲁走一圈是9.4千米,它高348米、长3千米、宽2.5千米,基围周长约8.5千米,实在是宏伟壮观。它气势雄峻,犹如一座超越时空的自然纪念碑矗立于茫茫荒原之上,孤独中带着君临天下的霸气。

会变色的石头

　　巨石最神奇之处是会变色,是澳洲十大奇景之一。有去看过乌卢鲁的人形容说:"它有自己的心情。"清晨,当第一道曙光洒在它酣然沉睡的身躯,生命被悄悄投注,它欣然焕发出金黄的光芒;太阳渐渐爬高,仿佛有生命活泼地在它体内成长,它也随之换上新颜,从粉红逐渐到深红。浴日的石,体态虽然庞大,此时却隐然带了一丝娇羞之气;傍晚,夕阳西下,生命之火逐渐暗淡,它由红转紫,最后黯然没入黑暗之中。生死轮回,对人是一辈子的事,对它却是每天的平常经历。于是,它那并不嶙峋的棱角里,就透出了一种神秘、一种灵气、一种不属于这个世界的"超然怪异"。它不高,却极陡,这也是一种态度,"自立于天地之间,何劳旁人亲近"。

乌卢鲁是最早发现这片大陆的土著人起的名字,意思是"大地之母"。

1873年欧洲人戈斯发现这块岩石,并以当时南澳洲总督艾尔斯爵士的名字为它命名。但事实上戈斯并不是第一个发现这块巨岩的欧洲人,在此前一年,英国探险家吉尔斯曾多次深入澳大利亚内陆,他曾经发现了这块巨岩,并做了记录。而吉尔斯次年重返旧地时,戈斯已登临过乌卢鲁的岩顶了。到过乌卢鲁的澳大利亚冒险家兼作家大卫·琳达最早用文学的笔法描述了乌卢鲁,她在《踪迹》一书中说:"这块巨岩有一股笔墨难以形容的力量,使我的心跳骤然急促起来,我从没见过如此奇异,但又极尽原始之美的东西。"

乌卢鲁跟悉尼歌剧院一样,是澳大利亚的象征。但乌卢鲁不同于那座人造的现代建筑之处是,它所代表的是这个国家远古的历史,它是澳大利亚这块古老大陆上的唯一原住民族——澳大利亚土著民族的图腾。

在当地的传说中,乌卢鲁是世界的中心,是当地土著人两次埋葬亲人的地方,第一次埋葬肉体,第二次埋葬骨骸,他们的灵魂会进入地底的神泉,像精灵一样快乐地生活。这里是澳洲土著人的圣地之一。他们始终相信,祖先的神灵仍然居住在红石山的某些洞窟中,部落秘密在土著老人中世代相传。外来游客可以上山游玩,却不可随便进入那些被视为神圣之地的洞窟,那是些超然的地点。

岩石的 "诅咒"

红色的巨大岩石静静地屹立在那里,有一种庄严的美,像守护神一样保护着这片土地和它的子民。土著人认为攀爬它是对他们文化的亵渎,就是对他们神的不敬。土著人的法律写着:

"如果您在意土著人的法律，您就不要攀爬它。如果您想攀爬，链子还在那里，也请您不要攀爬。听着，如果您因此受伤或者死亡，您的妈妈、爸爸、家庭会为您哭泣，我们也会很伤心。想一想吧，请不要攀爬。"

事实上，尽管这座红岩山上立着"禁止采石"的标志，然而许多游客仍会趁管理人员不注意，偷偷砸下一块红石藏进包内。公园管理人员也对此毫无办法。不过有趣的是，这些被窃走的石头最后又陆陆续续地从世界各地被寄了回来，昂贵的国际邮费也无法阻挡这样的返还行为。许多寄件人在附言中称，这种红色岩石给他们带来了坏运气，因此他们决定将它物归原主。一些石头寄回乌卢鲁公园后，事实上已经成了碎片。然而不管怎样，乌卢鲁公园的管理人员仍将这些石头碎片重新放到红岩山上。目前仍然没有足够的证据证明这些石头会给人带来霉运，除非那些拿走石头，最后又将它们寄回来的人开口说出事实。

神圣的 乌卢鲁

最早的澳大利亚土著民族是5万年前从东南亚一带的岛屿迁至澳大利亚北部的。他们有着黝黑或者深褐色的皮肤，这些土著民族以捕食动物为生，使用一种投矛器和特制的狩猎武器飞镖，此外还采摘水果和植物根茎作为食物，是典型的游牧民族。与混乱的语言不同的是，这些散居在各地的澳大利亚土著民族，都相信在澳大利亚北部沙漠中藏有错综复杂的路径，是"梦幻时代"的产物（"梦幻时代"是指天地形成时期），是祖先留给他们的礼物，对土著人的生活、狩猎非常重要。而这些路径的位置和秘密都藏在乌卢鲁不断出现的纹路里，这些纹路被各部族的巫师破译后，凭借歌谣、绘画和各种各样的舞蹈，一代代地在土著各部族中流传下去。因此，对他们来说，乌卢鲁的每一道裂痕都具有极为重要的意义。

在乌卢鲁周围，有许多洞穴。洞穴中有大量具有丰富的象征意义的原始壁画，许多壁画的历史已经有7 000~8 000年之久，还有相当一部分原始壁画未能被破解，人们对乌卢鲁与原始民族和原始宗教的联系其实远没有达到了解的程度。

乌卢鲁对于澳大利亚的土著人来说，不仅仅是地貌景观，更包含了丰富多彩的文化与神圣庄严的先祖的双重意义。

当亲身接近乌卢鲁这块神秘又奇妙的巨岩时，壮观雄伟的气势令人震撼，无论黄昏还是清晨，乌卢鲁似乎随时都在散发不可思议的能量。不论你以何种心情来到这里，都请不要忘记这里原住民的习俗，必须虔诚，必须守礼，更要诚心诚意。

彭格彭格山 之谜

SHI JIE TAN SUO FA XIAN XI LIE

澳洲大陆上有着无数的神秘,美丽的大堡礁、雄伟的艾尔斯岩……此外,还有世界上最脆弱的山脉之一的彭格彭格山。在人迹罕至的金伯利,这些具有条纹的圆顶山丘组成了一个梦幻般的世界。是什么原因造就了如此奇特的地理结构呢,谜底有待人们的揭晓。

梦幻般的 彭格彭格山

　　澳洲西部有许多蜂窝形的圆丘山,形成巨大的迷宫,而彭格彭格山是世界上最脆弱的山脉之一。这些具有虎皮条纹的圆顶山丘位于澳洲西部的奥德河平原上,宛如梦幻世界。澳洲土著称它为波奴鲁鲁,意为砂岩。土著在金伯利地区已经生活了二千四百多年,彭格彭格山是他们的一座神山。

由于地处遥远崎岖的地区,所以这些条纹岩壁和奇异山峰减少了许多被参观的机会。直到今天,大多数人也只是选择从空中俯瞰观赏而已。

彭格彭格山位于渺无人烟的金伯利地区,占地大约450平方千米。在11月到次年3月的雨季,翠绿装点了整座山脉。印度洋的旋风带来倾盆大雨,岩阶上的池水溢出形成瀑布,这一带河水泛滥,切断了通往彭格彭格山的小路。但这里炎热的气候在一年中占据主导地位,即使在遮阴处的气温也高达40℃。冬旱季节根本无雨,致使河流干涸,只剩下一些小水洼。由于有悬崖遮阴,少数池塘常年不枯竭,成为袋鼠和澳洲野猫等动物的饮水之处。有些白蚁在圆顶山丘侧面筑蚁巢,高5.5米,与圆顶山丘一样堪称奇观。

自然景观
彭格彭格山区气候宜人,水草丰美。

彭格彭格 的形成

4亿年前北边的山脉(现已消失)被水严重冲蚀,在这一带形成大片的沉积层,较软的沉积岩被水流冲刷出许多沟槽、溪谷。这些沟槽、溪谷长期受风雨侵蚀而逐渐变深,形成今天一座座分开的山丘。

大部分圆顶山丘都分布在地块的东南方。250米高的峭壁和冲蚀而成的深谷则位于其西北方。顽强的植物如针茅、金合欢等,在谷中恣意生长,生根在峭壁岩缝中,形成风格奇异的空中花园。

风生成了岩石上鲜明的条纹。新露出的砂岩呈白色,沿沉积层缝隙里出来的水把一层石英和黏土涂在其上。这层石英和黏土不断形成和裂开,其中的铁质就留下了一条条赤黄色的痕迹。而灰色和棕色则是地衣和藻类被太阳晒干呈现的颜色。

1879年,第一支欧洲勘测队在珀斯测量师福雷斯特带领下来到这里。1987年,这里辟为国家公园,当地的土著人参与管理,以免游客破坏了这里脆弱的砂岩。

博尔斯皮拉米德岛和岩塔之谜

SHI JIE TAN SUO FA XIAN XI LIE

地球上的奇景很多,有险峻的高山、辽阔的雪原、无垠的沙漠、浩瀚的海洋;也有嶙峋的奇峰、诡异的怪石;还有摩天的巨型岩塔。据说在博尔斯皮拉米德岛上的岩塔有"澳大利亚的珠穆朗玛峰"之称,足见其雄伟之势。同时,也成为小说创作的素材。

博尔斯皮拉米德岛在地图上只是一个小点,不够细心的话,很容易就会错过它。但站在它面前的时候,你会不敢相信自己的眼睛。

这是一块方尖塔形的摩天巨岩,虽然底部只有 400 米宽,但高度却有 550 米。这里是片火山岩高原,博尔斯皮拉米德岛是一座早在 700 万年前就已经熄灭并不断崩裂的死火山,只有顶峰露出海面。之后海水运用风浪长期冲刷岩石,到了现在,体积只剩下当年的 3%,成为一串岛屿和露头岩。

1778 年欧洲人博尔首先发现了这里,他以自己的姓氏为这块巨岩命名,又以当时英国海军大臣豪勋爵的姓氏为回程中所遇到的距博尔斯皮拉米德岛以北大约 20 千米处的列岛中最大的岛屿命名。

来往船只在博尔斯皮拉米德岛周围绕过,看起来仿佛在向它致敬。人类很难登陆博尔斯皮拉米德岛,因为那里没有小湾和海滩可供船只停靠,只有一片由海浪冲击而成的登陆平台在陡峭的石壁中间安静地看着那些试图攀登的人们是如何一次次失败的。有些人成功地游到了巨石附近,当然,在这之前,他们已经经历了急浪的考验并躲过了鲨鱼的袭击,但岛上的主事者是那些常年在这里繁殖后代的海鸟,它们对入侵者进行扑咬,而那些 15 厘米长的蜈蚣也不会错过这个凑热闹的好机会。

1965 年,艾伦和戴维斯率领的登山队历尽艰险,登上了这块号称是"澳大利亚的珠穆朗玛峰"的巨岩的顶峰。后来,还有另外一些探险者也登上了这块巨岩的顶峰。现在,博尔斯皮拉米德岛已经被作为世界遗产保护起来,显然,这是它应得的待遇。

荒凉 之地

在澳大利亚西南海岸不远的地方,有一片岩塔沙漠。这片沙漠荒凉不毛、地形崎岖,地面布满了石灰岩,只能坐越野车到达那里。形态各异的岩塔遍布于茫茫的黄沙之中,景象壮观,有人形容这种景象为"荒野的墓标",让人感到世界末日的来临,异常诡异。此地也是科幻小说家描写岩塔的惊险小说最理想的背景。

岩塔数目成千上万,分布面积约 4 平方千米。暗灰色的岩塔高 1~5 米,矗立在平坦的沙面上。往沙漠腹地走去,岩塔的颜色由暗灰色逐渐变成金黄。岩塔的大小不尽相同,有些岩塔大如房屋,有些却细如铅笔。每个岩塔形状不同,有的表面平滑,有的像蜂窝,有一簇岩塔恍如巨大的牛奶瓶散放在那里,等待前来收集的送奶人,还有一簇岩塔名为"鬼影",中间那根石柱状岩塔如正在向四周的众鬼说教的死神。其他岩塔的名字也都十分符合其形象,但是不像"鬼影"那样令人毛骨悚然,例如"骆驼"、"大袋鼠"、"园墙"、"门口"、"臼齿"、"印第安酋长"或者"象足"等。

科学家估计这些岩塔的历史有 25 000~30 000 年。虽然这些岩塔的历史已有几万年,但肯定是近代才从沙中露出来的。因为直到 1956 年澳大利亚历史学家特纳发现它们之前,外界似乎对此一无所知,只是在传说中,早期的荷兰移民曾经在这个地区见过一些他们认为很像是城市废墟的东西。

1658 年,曾在这一带搁浅的荷兰航海家李曼也没有提及它们,他在日记中提到的两座大山——南、北哈莫克山,都离岩塔不远。如果当时这些石灰岩塔露出沙面,李曼的日记里必定会有所记载。19 世纪的牧人经常在珀斯以南沿着海岸沙滩牧牛,附近的弗洛巴格弗莱脱还是牧人常去休息和饮水的地方,但他们也没有发现这片岩塔。而且探险家格雷于 1837~1838 年曾从这个地区附近经过。他所经过的地方都会详细记下日记。但在他的日记中却没有关于岩塔的记载。

若隐若现 的岩塔

岩塔在 20 世纪以前至少露出过沙面一次。因为有些石柱的底部发现黏附着贝壳和石器时代的制品。用放射性碳测定贝壳显示它们大约有五千多年历史。当地土著的传说中没有提到过这些岩塔,因此这些尖岩可能在六千多年前曾经露出地面。但后来又被沙掩埋了——沙漠上风吹沙移,会不断把一些岩塔暴露出来,又不断把另一些掩埋起来。因此,几个世纪后,这些岩塔有可能再次消失,但它们的形象已经在照片中保存下来了。

构成岩塔的原始材料是帽贝等海洋软体动物。几十万年前,这些软体动物在温暖的海洋中大量繁殖,死后,贝壳破碎成石灰沙。这些石灰沙被风浪带到岸上,堆成一层层的沙丘。植物在沙丘上生长,根系使沙丘变得稳固,并积累腐殖质。夏季的阳光使冬季的酸雨溶解的物质变硬结成水泥状,把沙粒黏在一起变成石灰石。腐殖质增加了下渗雨水的酸性,加强了胶黏作用,在沙层底部形成一层较硬的石灰岩。植物根系不断深入这层较硬的岩层缝隙,石灰岩越积越多。植物被流沙掩埋,根系腐烂,在石灰岩中留下一条条缝隙。这些缝隙又被渗进的雨水溶蚀而拓宽,有些石灰岩风化掉,只留下较硬的部分。沙一吹走,就露出来成为岩塔。岩塔上的沙痕,记录了沙丘移动时的沙层厚度及其坡度的变化。

重见天日
岩塔曾经被沙石掩埋,但随着时间的推移,沙丘移动,岩塔最终得以重见天日。

SHI JIE TAN SUO FA XIAN XI LIE

神秘的艾尔湖

1832年，一支勘探队来到了澳大利亚中部，发现这里是一片覆盖了厚厚盐层的盆地。1860年，又一支勘探队来到了这里。此时，这里已经成为了一个碧波荡漾的湖泊，大批鸟类聚集在湖畔，植被茂密异常。这就是艾尔湖，一个神秘而又美丽的地方。

澳大利亚 的天然奇湖

艾尔湖位于南澳大利亚州中部偏东北，皮里港北部400千米处。有南北两湖，总面积超过1万平方千米，在海平面下12米，因探险家爱德华·约翰·艾尔最先到此而得名。

艾尔湖其实是澳大利亚腹地的两片巨大洼地。大部分时间湖底全部干涸，盖满盐层，一圈好像悬挂着白霜的矿物层围绕在湖的周围。

湖的周边是一片晒干的土地：北面是辛普森沙漠；东西两面是很难通过的布满圆丘和风刻石的平原；南面是一串盐湖和干涸的盐洼。如能在这片荒无人烟的地方看到水的闪光，就足以使人欣喜。地平线上的水光往往是小盐池的闪光或者高温热气所形成的海市蜃楼。

会变魔术 的湖水

艾尔湖是澳大利亚大陆最低的地方，湖面比海平面低12米。艾尔湖实际上是两个湖，较大的称北艾尔湖，长144千米、宽65千米，是澳大利亚最大的湖泊；南艾尔湖则长465千米、宽约19千米，两湖之间由狭窄的戈伊德水道(长约15千米)相连接。只有当雨下得非常大的时候，雨水才可能从远处的山上流入艾尔湖，流程长

达 1 000 千米。

当水流到荒芜的沙漠上时,这里转眼间发生了翻天覆地的变化,就像魔术一样,那些不知道在干裂的地下沉睡了多少年的植物种子纷纷发芽、开花、生长,如同色彩斑斓万花筒一样装点着艾尔湖。鱼、虾和千里迢迢赶来的鸟类也把这里当成它们的乐园,艾尔湖呈现出一片生机盎然的景象。

供水消失的时候,湖水在高温的作用下很快开始蒸发,动物们为了自己的生命开始争分夺秒。幼鸟急着学会飞行,否则就会被它们狠心的父母抛弃在这里,而那些可怜的淡水鱼,就只能在这里等死了。艾尔湖又恢复到了它最常见的荒凉,耐心地等待着下一次雨水。

湖水

艾尔湖的湖水中含有大量的矿物质。

1840 年,欧洲人艾尔第一次发现了艾尔湖,并以他的名字为这个湖命名。当时湖水虽然已经干涸,但湖底的淤泥阻碍了他继续探索的脚步。直到 1922 年,一个叫哈里根的人从空中测绘了艾尔湖的样貌,他在空中看见的北艾尔湖中是注有湖水的。但当他第二年步行到艾尔湖的时候,湖里只有勉强能浮起一艘小船的水量了。据说,2 万年以来,平均每 100 年,艾尔湖只有两次才会完全被水充满,一般每隔 20~30 年才能涨一次大水。1950 年此湖曾经灌满湖水,水深甚至达到 4.6 米。

艾尔湖的面积变化很大,从 8 030 平方千米到 1.5 万平方千米不等,按照其平均面积,它是世界第十九大湖。艾尔湖的面积和湖区轮廓很不稳定。雨季,间歇河带来大量流水,湖面随之扩大,成为淡水湖;旱季,强烈的蒸腾作用使湖面缩小,湖底变成盐壳。1964 年,英国人唐纳德·坎贝尔驾驶他的"蓝鸟"汽车,在艾尔湖的盐层上创造了一项世界地面车速纪录——最高时速达 715 千米,接近现代客机的航速。

艾尔湖湖区气候干旱,年平均降水量一般在 125 毫米以下,蒸发量可达 3 000 毫米,湖底经常干涸。流入湖中的河流都为间歇河,地下有大量自流盆地可供开发使用。艾尔湖还有石油、煤等矿藏。不得不说,大自然在这里表演了一场精彩绝伦的魔术。

Bukesiyi De Diqiu Xuanan

|不可思议的地球悬案|

5

美洲

Meizhou

沙俄**卖掉**阿拉斯加之谜

SHI JIE TAN SUO FA XIAN XI LIE

　　人们无法想象如果阿拉斯加仍是前苏联的领土，世界的形势到底会怎样；人们无法确定如果前苏联在这里布置核部队，核大战是否会开启。当然，如今人们无须为此担心，因为这片土地早已被交易，但交易背后又隐藏着怎样的秘密呢？这一切都有待人们的探索。

富饶的 阿拉斯加

　　美国的版图上，有一块面积约为 151.9 万平方千米的领土在美国的本土之外，并且中间隔着加拿大。这就是占美国领土面积 1/6 的阿拉斯加。

　　北美洲西北部的阿拉斯加气候寒冷，经济以渔业和采矿为主，有丰富的金、铂、银、煤等矿产资源，是美国面积最大的州，美国最大的油田也在此地。

　　阿拉斯加原先住着印第安人、因纽特人和阿留申人。17~18 世纪阿拉斯加被俄国的"土地开拓者"发现，18 世纪 80 年代开始成为沙俄的控制地。1798 年成立的俄罗斯美洲公司，独家经营渔猎场并开采矿物。1867 年沙皇政府将阿拉斯加卖给美国。1884 年以前属美国军事管辖区，以后为美国的一个地区。1959 年阿拉斯加成为美国的第 49 个州。

美国于 1776 年正式建国,此后一直扩张领土。1803 年从法国购得西路易斯安那,1819 年迫使西班牙让出佛罗里达,1845~1853 年侵占墨西哥多块领土,1898 年吞并夏威夷……而最重要的事件是从沙俄手中购买了阿拉斯加。

阿拉斯加是块宝地,它有北美最高峰——海拔 6 193 米的麦金利山。阿拉斯加湾在阿拉斯加半岛和温哥华之间,湾口宽 2 200 千米,深达 5 659 米,还有卫护海湾的弧形屏障阿留申群岛。阿拉斯加面积的 1/3 位于北极圈内,因此,该地区气候寒冷,除南部沿岸外,年平均温度在 0℃以下。可这块"严寒之地"却拥有石油、金、铜、铂、银等丰富的地下宝藏。尤其是北极地区的滨海凹陷地带为石炭纪以及三叠纪和白垩纪地层,蕴藏着丰富的石油和天然气。此外,太平洋东北部暖流使其南部沿海峡湾岛屿成为世界著名渔场,并盛产鲑鱼和大比目鱼。

蓄谋已久 的交易

俄罗斯美洲公司早就认识到阿拉斯加的巨大价值,于是陆续开采煤矿、金矿,但由于其财力并不充足,因此阿拉斯加未得到充分开发。俄国社会普遍认为,只要俄政府取消俄罗斯美洲公司对阿拉斯加的垄断,对俄国私人资本及企业家开放,共同开发阿拉斯加,肯定是大有前途的。

可是,这片财富之地为什么又落入美国人手中呢? 美国人究竟用了什么手段得到了阿拉斯加?

1854 年,一位名叫桑德斯的美国商人来到彼得堡,他自称来此办理商务,却私下里拜会了担任俄廷重臣的沙皇的弟弟康斯坦丁·尼古拉耶维奇大公,两人密谈良久……

1857 年 3 月,沙俄新上任的外务大臣亚·戈尔恰科夫公爵收到尼古拉耶维奇大公的信,建议出卖阿拉斯加。戈尔恰科夫公爵不赞成出卖阿拉斯加,但也不能得罪大公,只好把此事报告沙皇。没想到沙皇竟对此却极有兴趣,御笔批示:"此议值得考虑。"

秀美景色
阿拉斯加可谓是一块"风水宝地",其湖光山色十分秀丽,景色幽静怡人。

落基山脉

阿拉斯加地区高耸的落基山脉形成了北美最高峰,其山顶常年覆盖着皑皑白雪。

外务大臣并不敢公开反对，只是采取拖延的办法。几番考虑后，戈尔恰科夫建议沙皇将此事搁置一边，先让驻美公使斯捷克利男爵打探一下美国的真正意图后再作决定。于是，1857年4月29日，沙皇对此事给予简单批示：一、此事再议；二、卖价可以大幅度降低。

戈尔恰科夫想尽办法把此事压了10年，而在此期间刚好碰上美国发生1861~1865年的内战。在这10年里密谋集团并未偃旗息鼓，尼古拉耶维奇大公这个密谋集团的主将，除经常在皇上耳边吹风外，他还把财务大臣赖滕拉入圈内。而斯捷克利男爵作为驻美公使，同时也是该集团的主将，已为出卖领土奔走于俄美之间将近10年，更可耻的是他还准备了使本国受辱的条约拟稿。密谋集团开始分头行动：大公负责打通外务部，重新向外务大臣提出这个问题；财务大臣以金融危机来逼压沙皇，建议向西方贷款；驻美公使则加紧同美国政府磋商。

1866年9月，财务大臣赖滕给沙皇呈上一份报告，声称近两三年来债台高筑，国库空虚，为偿清外债必须尽快筹集450万卢布，可在国内无法筹到这笔钱，办法只有一个：用新的国际贷款偿清旧债。他将问题丢给沙皇，意即沙皇的态度将决定俄国能否得到贷款，如果出卖阿拉斯加，贷款可以延期偿还。

1866年10月，斯捷克利男爵由华盛顿返回彼得堡，密谋集团在大公府邸聚会，作出两项决定：一、出卖阿拉斯加要价500万美元；二、继续向外务大臣施压，争取尽快突破。

密谋集团的全体成员在1866年12月16日中午打着"日祷"活动的旗号聚集到外务大臣家中，沙皇也参加了这次活动，他表明观点，同意向美国出卖阿拉斯加。尽管没有正式记载，但亚历山大二世的日记中却提到了此事："下午13时，戈尔恰科夫公爵就美洲公司之事举行了会议，决定卖给美国。"

沙皇的日记表明出卖阿拉斯加已成定局，可此时

俄罗斯大臣会议和国务会议对此却一无所知。密谋集团避开外务部，指定斯捷克利男爵全权负责谈判和签约。然而，作为全权代表的这位公使先生手上竟没有任何政府的书面指示或授权书，只是财务大臣叮嘱了一句："要500万美元。"

男爵同美国的谈判是一场不折不扣的卖国丑剧。条约正文是由美方口授笔录的。7项条款中有5项讲的是美方的权利，即签约后美国政府应得到什么，其余两项是有关付款的问题，但对付款过程中违约的责任和惩罚却只字未提。

交易背后 的秘密

美国人对阿拉斯加的经济前景和政治军事价值非常看好，可是苦于内战刚刚结束，囊中羞涩，而此时，刚好出现了一位替美国政府买单的人。在准备签约的过程中，一个美国人的名字不时地闪现出来，他就是奥古斯特·别利蒙特。别利蒙特在23岁时就在美国崭露头角，此前这位前途无量的年轻人已经是洛希尔银行法兰克福分行的主管，后来他在纽约为洛希尔财团收购了一家银行，并担任其主管。此后，他担任了美国总统的经济顾问，同时也是政府债权人。洛希尔财团的真正意图就是想以美国政府的名义，自己出钱购买阿拉斯加。

1867年3月，俄美双方"谈判"已接近尾声，不久即可正式签约。然而，不知为何，美方代表国务秘书休阿尔德却主动修改了条约的第六款，原定价的500万美元竟变成了720万美元。斯捷克利男爵欣喜若狂，立即报告沙俄政府。外务大臣戈尔恰科夫于1867年3月26日发给男爵一份密电："皇上准予以700万美元之价出售并签约……尽量争取近期收到钱，如果可能，把钱款转入伦敦巴林银行。"

1867年3月29日深夜至次日凌晨，美国国务秘书休阿尔德和俄驻美公使斯捷克利在条约上正式签字。条约一签订，美方未等国会批准拨款就轻而易举地得到了阿拉斯加。美国国务秘书企图从这场财务交易当中捞取一笔，所以反对在伦敦付款。他知道，伦敦的巴林银行有沙皇罗曼诺夫家族的私人账户，而俄罗斯国库的钱是存在英格兰银行的。

俄方代表斯捷克利吹嘘道，正是由于自己在谈判中成功地讨价，才使阿拉斯加卖了个高价。但彼得堡不认同此说，所以沙皇只奖给他2.5万银卢布和一枚勋章。斯捷克利的谈判显然并没有对地价的增值起什么作用。美国侦探拉尔夫·埃佩尔松对此事进行长期调查研究后认为："在美国内战期间，沙俄为救援美国政府曾派出舰队赴美国海域。沙皇同林肯可能有过秘密协议，美国应为俄舰队支付费用。但继任总统约翰逊没有宪法授权，不能支付这笔钱，而舰队的费用又高达720万美元。因此，约翰逊通过国务秘书威廉·休阿尔德谈妥了向俄国收购阿拉斯加的事。但购买只是一种手段,是为动用俄国舰队向沙俄付清军费的一种手段,而俄国舰队的行动在当时确实使美国避免了同英、法之间的一场恶战。"

如果说美国给出 720 万美元只是为了支付俄国应得的军费,那么阿拉斯加则只是一个一文不值的赠品。1990 年美国西雅图附近的塔科玛市举办了一个展览,名叫"沙俄的美洲"。其中曾展示过一张美国政府收购阿拉斯加后,俄国给出的收据。

收据上收款人是爱德华·斯捷克利,他全权负责了此事。正是他违背了美方支付金币的规定,毫无异议地收下 720 万"格林别克"纸币的支票,而非条约上规定的 720 万美元。"格林别克"是美国在南北战争时发行的绿背纸币。它的市面价值大大低于金币。美国支付的"格林别克"支票实际只值 540 万美元。男爵的"疏忽"和"宽容"使俄国损失了 180 万美元。美国赚取了差额,当然,俄国外交代表的好处也是少不了的。

1868 年 8 月,男爵交给俄罗斯国库一张"720 万美元全部收讫"的凭据,并称钱已转入纽约某银行,可据该银行向美国国会作证时确认汇入银行的钱只有 703.5 万美元。不用说,缺少的16.5 万美元已装进了外交代表的腰包。

这 16.5 万美元成了外交代表的囊中物,而男爵最终命运又如何呢?1869 年 5 月他在写给外交部一位友人的信中说,他希望得到两年的休假,其语气恐惧而忧伤。斯捷克利男爵赚取了国家的好处,但是下场又是如何? 他最终去了哪里,至今无人知晓。

土墩之谜
SHI JIE TAN SUO FA XIAN XI LIE

　　在人们眼中，土墩似乎随处可见并没有什么特别，但在欧洲探险家的眼中，北美洲俄亥俄河和密西西比河流域的一系列土墩却有着非同寻常的意义。在这里出土的文物，极有可能帮助人们揭开美洲古老民族的文明之谜。围绕土墩，科学家们进行了一系列的探索与研究。

　　16世纪和17世纪的欧洲探险家们一致认为北美洲几乎没有任何文明遗留下痕迹。但到了18世纪，当殖民者抵达俄亥俄河和密西西比河流域的时候，发现了一些土墩，这些土墩上长满了树木和草叶，它们外形独特，可以很明显地辨别出人为的痕迹。而后他们又在相当于现在的美国中西部和南部发现了更多类似的土墩。殖民者们就把这些土墩视为远古文明的遗留物。

奇特的 土墩

　　这些土墩造型不一，有的低矮，有的高大，有的似乎是模仿某种动物的造型，也有的是平顶金字塔的形状。附近还有一些类似于土墙的建筑物。随着越来越多的土墩被发现，殖民者越来越觉得自己之前的猜测是正确的。之后，他们又发现了大量工艺品，精致的陶器、雕刻精美的原石烟斗、图案优美的石刻、用红铜或者云母做成的虫形和鸟形制品。与这些埋藏在土墩里的工艺品同时出土的，还有人类的骸骨，很显然，这些土墩是墓葬。

　　如此看来，土墩建造者的那个时代的社会与古埃及人有着相同的观念，他们更看重用无数饰物陪葬，以便使死者在另一个空间生活得更好。那些动物形状的土墩，可能是宗教方面的某些说法，平顶的土墩很可能是建庙宇的平台。那些土墙，很有可能是用来与其他地方相隔离以保证其范围内土地的圣洁，而非像有些人所臆想的那样，认

土墩谜团

不同部族的印第安人先民在整个美洲留下了很多的土墩遗址和谜团。

为是城市的外墙。

对于这些土墩的建造者及其代表的文明，人们有许多种猜测。一个虔信宗教，对领土扩张毫无兴趣的民族，又有着如此精湛的工艺，这会是一些什么样的人呢？

土墩的 建造者

有人认为建造土墩的是维京人，有人说可能是那些渡过白令海峡来到美洲的亚洲人，也有人说是以色列10个失踪支派的人，还有人说可能是尼基人或威尔士人。但却唯独没有人提到这可能是印第安人造就的奇迹。

1839年，莫顿第一个找到正确的答案。他通过发掘土墩得到的头骨与近代印第安人的头骨相比对得出结论，这些土墩的建造者，一定是现代印第安人的祖先。当时没有多少人同意莫顿的观点，但在随后对这些土墩越来越深入的研究过程中，这个观点逐渐被人们接纳了。

这里发掘出大约一百多个土墩，其中87个已经被载入文献。这里被称为卡俄基亚土墩群历史遗址。其中的僧侣墩有4层，占地56 658平方米，30.48米高。在这个土墩之上，原来还有一个15.2米高的大型建筑。僧侣墩是美洲大陆上最大的土建筑，具有高超的建筑工艺水平。据估计，勤劳的印第安人为了修建这些土墩动用了141.5万立方米的泥土。

1982年卡俄基亚土墩群历史遗址被指定为世界历史遗产，入选的原因是这样陈述的："它向人们提供了在密西西比河流域的这个地区在哥伦布发现美洲之前的人类文化信息"。卡俄基亚自从1982年被指定为世界遗产后，一直筹划着想建设一个新的旅游展览中心，1984年获得批准，现已建成。这个旅游展览中心位于遗址中心附近，在建筑过程中共发掘出八十多个古建筑和不计其数的陶器。

这里曾经是一些勤劳、勇敢、智慧的人民的家园，是文化和贸易的中心。这些古印第安人建筑的土墩就是曾经在这里生活过的人艰苦劳动的成果，是古印第安人留给后人的一份厚重的礼物。面对这些宝贵的文化遗产的时候，创作的灵感会在人们的思绪中闪现。因此访问遗址并与考古学家进行交流和探讨，是一件极为有意义的事情。

藏有珍宝的橡树岛

SHI JIE TAN SUO FA XIAN XI LIE

　　财富是人类关注的一个永恒主题。为了一夜暴富的美梦，多少人抛家舍业，失去生命；为了闪着诱人光芒的金银珠宝，多少人为之千方百计疯狂寻觅。而橡树岛上的珍宝却如同仙宫中的蟠桃，永远是可望而不可及的。直到今天，人们仍然在那个小岛上挖掘着、寻找着……

　　加拿大有一个叫橡树岛的荒凉岛屿。那里没有人烟，生物种类也不丰富，但许多人都确信，这个岛上埋藏着大批金银财宝。当初埋下宝藏的人，创造了工程史上的一项奇迹。他们埋得如此巧妙，以至于到今天，人们还没解开这座宝藏之谜。

第一次 探宝失败

　　1795年，有三位年轻的猎人，来到了这个人迹罕至的小岛。

　　在茂密的橡树林中，他们没有发现野兽，却发现了一株十分古怪的大树。在这棵大树离地面三米多高的地方，有一根被锯过的粗树枝，上面还有深深的刀痕；地面也有些下陷，很像曾经埋过东西的样子。三位猎人感到十分惊讶，于是立即测量下陷的部位，他们发现它基本呈圆形，直径约4米。

　　这一发现使他们立刻想到，很可能是海盗在这儿埋下了宝藏。如果真是这样，岂不是发了大财？三位猎人感到无比兴奋。第二天清晨，他们又来到小岛，开始了艰苦的挖掘工作。三个人整整干了一天，挖了3米深的大坑，他们发现下面有一层橡树木板。胜利在望了，木板下面也许就是梦寐以求的宝藏！猎人们抑制不住激动的心情，连夜开工把木板移走，但结果令他们大失所望——木板下面仍然是泥土。

　　不过，这并没有使猎人们彻底丧失信心。经过一天的休息，他们继续挖掘，又挖了大约3米深，看到的依然是一层木板。就这样,他们辛辛苦苦地干了一个星期,总共挖了 9 米深,除了发现第三层木板外,连宝藏的影子也没看见。

　　这一年的冬天来得很早,阻碍了猎人们的挖掘工作。冬季,挖掘工作虽然暂时停止,但他们一直在筹划明年春天的挖掘计划。三位猎人坚信,宝藏肯定存在,只要气候条件允许就立即开工。不过,在深达九米多的洞穴中,仅凭两只手是不行的,他们需要有机械和经济方面的资助。不幸的是,尽管三位猎人四处求助,却没人愿意把钱投资到这个看似没有丝毫意义的行动中,无奈之下,他们被迫放弃了挖掘工作。

挖宝途中 困难重重

　　10 年以后,一位年轻的医生对橡树岛产生了浓厚的兴趣。他组织了一支探宝队,动用了大量人力和机械,经过大约两年的苦干,将那个洞穴挖到了 27 米深。这中间每隔三米都有一层木板,直到 27 米深时,人们才发现一块非同寻常的大石头,上面刻着许多稀奇古怪的象形文字,但没有一个人看得懂。

　　这个新发现使人们坚信,挖出宝藏的时候快到了。探宝队决定趁冬季来临之前加紧挖掘。可是第二天,麻烦忽然从天而降,因为在深洞中,突然灌进了足足 15 米深的水,根本无法工作。

　　探宝队并未因此泄气,他们在第一个深坑旁边又挖了一个洞,挖到 30 米深后,再挖一条地道通向原先那个坑。这时候,不知从哪来的大水涌进了新坑,使这项工程不得不中止下来。

　　1850 年,又来了一支新的探宝队。他们运来了大型的钻机,在原先的第一个坑里进行钻探,一直钻到 30 米深,结果他们发现了一条金表链和三个断裂的链环。操纵钻机的工人称,他感到钻头仿佛在一大块金属之中旋转。如果真是这样,钻头接触到的物体,会不会是一只巨大的藏宝箱呢?没人说得准。然而就在这时,冬天来了,他们只得停工。

宝藏传说
橡树岛曾是海盗频繁出没之地,岛上藏有巨额宝藏之说至今已有几百年的历史了。

大西洋是 宝藏的守护者

第二年春天,探宝队回到岛上,准备让宝藏重见天日。在离原坑大约一米的地方,他们又挖了一个新坑。到夏天结束之前,这个坑已经挖掘到33米深了,而且钻头感觉到下面有大块的金属。正当大家确信胜利在望时,历史又重演了——大水突然灌进新坑,坑里的工人差点被淹死。由于抽水工作毫无效果,人们不禁开始纳闷:这神秘的水究竟来自何方?经过一番搜索,他们发现,海滩上有一条巧夺天工的地道,从大西洋直接通往藏宝坑。当然,谁都无法把大西洋的水抽干。

后来,又有其他寻宝者来到岛上。他们又挖了许许多多的坑,弄得这一带面目全非,看上去简直像一个原子弹试验场。尽管人们做出了巨大的努力,可谁也无法克服橡树岛上的重重障碍。

1893年,又有一支寻宝队到岛上继续发掘宝藏。人们在原来的坑里又往下钻了45米,挖出了一些水泥般的东西,与之前一样上面又是一层木板。更令人惊奇的是,钻机还带上来一张羊皮纸。兴奋不已的探宝者加紧工作,就在这时,他们又发现了一个海水入口,海水再次把深坑淹没,寻宝工程又以失败告终。

橡树岛的地下究竟埋有什么宝藏?宝藏又是谁埋下的呢?至今仍无人知道谜底。

大众猜测

20世纪60年代,人们估计橡树岛底下的宝藏至少价值1 000万美元,甚至有可达1亿多美元。

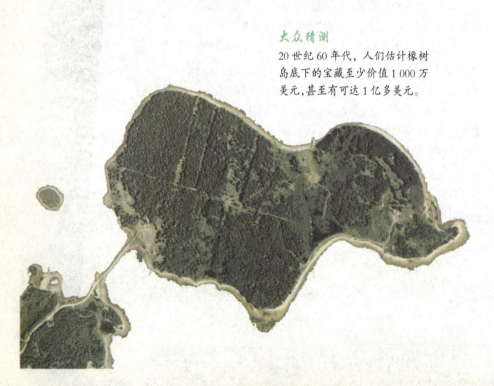

加拿大夏天遗失之谜

SHI JIE TAN SUO FA XIAN XI LIE

春夏秋冬，四季轮回是再正常不过的自然现象，但有谁会想到1816年加拿大的夏天却突然莫名其妙地消失了，而这又间接影响了整个世界。在那样一个冷如初冬的夏季，人们惶恐不安、心惊胆战；而谁又会想到这一切仅仅是一座火山喷发造成的后果。

在加拿大南部和美国东北部，1815~1816年的冬天与往年没有什么区别。春天按时到来，4月，鸟儿从越冬地飞了回来，花朵也如期绽放。但看起来还一切如常的这一年注定要被历史所记载，因为它是个夏季遗失的年份。

在这个地区，4月份的寒冷是正常的。但到了1816年5月，每天早上依旧是寒霜覆盖着大地，就像冬天还没有过去一样，人们开始关注起来。但仍然没有人认为这一年会有什么特别之处。

6月5日寒风席卷了这个地区，紧接着一场大雪使地面上的积雪达23~30厘米。除了最耐寒的谷物和蔬菜活了下来之外，其他植物都难以存活。古怪的气候持续到8月，早上的气温常常在 –1℃左右。有几天下午天气暖和了一些，可是人们试着种下的庄稼，却都再次毁于冰雪严霜。9月中旬，出现了一场严重的霜冻，冬天稍稍提前了，那是一个罕见的严冬。

1817年的春天和夏天按时到来，从那以后气候一直正常。然而，是什么导致此地那一年没有夏季呢？经

遗失的夏季

原本应该出现的炎炎夏日，却为何在加拿大神秘地消失了？这一切疑问的答案都有待于科学家们的验证。

过多年的思考与研究,现在科学家已经推断出无夏季年的原因。事件发生在一年前的荷属东印度群岛。1815 年 4 月 5 日晚,位于松巴洼岛上的坦博拉火山爆发,这次猛烈的喷发甚至比 68 年后著名的克拉卡托火山喷发还强烈。坦博拉火山的喷发将 65 立方千米的碎石抛到距 3 962 米高的火山口 1.6 千米以外的地方。这次喷发使几百千米以内的岛上落了 0.3 米厚的火山灰。细小的火山灰进入同温层,它要围绕地球转动几年。尘网效应挡住了阳光,从而使气温下降,尤其是在新英格兰和加拿大。

大气中的火山灰除了影响北美,还影响了世界其他地区。事实上这几乎是全球性的天气变冷。在西欧庄稼减产引起了饥荒,瑞典人被迫吃猫和冰原上的苔藓,法国发生了食品骚乱。如果这种反季节性的降温再持续几年,大陆冰层就会形成,地球就会进入新冰河期。

一些科学家预测这样寒冬般的夏天还会出现。在过去的几十年中,自然界的火山活动和人类的工业活动使大气中的灰尘不断增多。如果这种趋势再持续一个世纪,就会产生与温室效应相反的效果——地球的温度将会急剧下降,冰河期将会重现。大难来临前,夏天会越来越凉,而冬天则会越来越冷。

不可否认,人类的行为正在影响着气候,所以我们必须从现在开始善待环境,否则,等待我们的将是大自然无情的惩罚。

无情的惩罚

对于这次加拿大夏天神秘消失的原因,人们有了一个较为合理的解释,但更值得人们去注意的是对环境的保护,否则人们将受到大自然的惩罚。

石彩虹之谜

SHI JIE TAN SUO FA XIAN XI LIE

雷雨过后，天空中的道道彩虹异常美丽，但有谁会相信，坚硬的石头也可以创造出同样的奇迹。是造物主的恩赐，还是大自然的神来之笔？壮丽的石彩虹不仅带给人们美的享受，同时，也给人们留下了许多待解之谜。石彩虹的背后究竟隐藏着什么秘密呢？

在美国犹他州南部，派尤特印第安人和纳瓦霍印第安人有许多神话流传，这之中就有一个"石彩虹"的故事。

"石彩虹"是派尤特印第安神话和纳瓦霍印第安神话的中心，是纳瓦霍印第安人的圣地，也是世界一大奇观。

那是一座美丽的石拱，形状和颜色都酷似天上的彩虹，到那里的唯一通路隐蔽在狭窄的峡谷中，艰险难寻，所以知道"石彩虹"的印第安人很少。

天然 奇景

1909 年有三名白人听到了这个传说，他们雇了两名印第安向导，走过美国境内最苍凉的荒野，一心想要看看这个天然奇观。当他们终于看见彩虹桥的时候，都惊呆了。这座天然石桥，从形状到颜色都和真正的彩虹十分相似。万里无云的蓝天下，粉红色的砂岩透着淡淡的暗紫色，午后则点染成赤褐和金棕色。他们看见的是天然石拱中最大最完整的一座，硕大雄伟，造型美观，桥底至桥顶高 88 米，桥长 94 米，跨越宽 85 米的峡谷，几乎等于 4 个网球场的总长度。桥身厚 13 米、宽 10 米，完全可以双线行车。罗斯福总统曾对此赞叹不已，称之为世界最壮观的天然奇景。

泥沙和强风是最好的工匠。彩虹桥本来是突出悬崖的石嘴，桥横架于石桥河之上。每到雨季，猛涨的河水带来大量的泥沙，刮擦石嘴基部。时间久了，石嘴基部就被掏空，从而形成了桥孔，留下高架半空的优美石桥。强风侵蚀，把石桥表面"打磨"得光滑，其整体线条美观、流畅。

国家 名胜

1910 年，彩虹桥被美国政府列为国家名胜。1964 年格伦峡谷堤坝落成，拦截河水，鲍威尔湖由此而生，科罗拉多河水面因此升高，原来难以穿越的通路如今变为易于通航的水路，游人参观彩虹桥可以乘船前往。

犹他州还有许多同类的砂岩石拱，单在位于彩虹桥以北 300 千米处的石拱国家公园里就有 200 多座。其中的"景观拱"全长 89 米，为世界最长的天然大桥。"景观拱"很脆弱，其中一段仅厚 1.8 米，距峡谷底平均约三十米。

在见到石拱国家公园真面目时，人们常用"视觉冲击力"这个词来形容那一瞬间的视觉震撼，在阳光的照耀下，那一座座耀眼的奇形怪状的火红色石山、石林让人目不暇接，惊叹不已。大自然的鬼斧神工创造的那些千奇百怪的石块带给人们无限想象的空间，你刚刚赞叹这座红石山形态的奇妙，一会儿你就又会不由自主地赞叹另一石块造型的惟妙惟肖。毫不夸张地说，每个来到这里的人都是走一路，看一路，赞一路，叹一路，哪处景观也舍不得错过，它们实在是太美，太神奇了！这里让人惊奇的还有那湛蓝的浩瀚天空，它蓝得是那么洁净、那么清爽，没有一丝污染，几朵洁白的云飘浮在蓝天与火红的奇山异石之间，这种简单、宽广、神奇、美好的景象有洗涤人心灵的神奇魔力。

大盐湖之谜

SHI JIE TAN SUO FA XIAN XI LIE

　　大自然似乎从来都不缺少神奇。在美国犹他州的湖水中，不会游泳的人也可以在水中自由嬉戏。这里的湖水可以治愈疾病，同时具有使人强身健体的神奇疗效，其中提取出的液体"矿物清"成为了当今市场最抢手的保健品之一。这里就是印第安小熊族的"守护湖"——大盐湖，它有谜一样的神秘。

　　在美国西部的犹他州，有一个北美洲面积最大、盐分最高的咸水湖——大盐湖。大盐湖东面是落基山，西面是沙漠。大盐湖由西北向东南延伸，长 120 千米，宽 63 千米，深 4.6~15 米。由于蒸发量和河水流量的变动，大盐湖的面积多变，1873 年曾达到 6 216 平方千米，1963 年下降到 2 460 平方千米。

大盐湖 的历史

　　大盐湖是更新世大冰期时的大盆地内大淡水湖本内维尔湖的残迹湖。约在一百万年前，本内维尔湖的面积有 5.2 万平方千米，到了冰期，大量淡水注入湖盆，经斯内克河汇入哥伦比亚河，最后注入太平洋。冰期过后，本内维尔湖的水位下降，出口切断，逐渐变成内陆湖。

　　一百多年以前，在大盐湖附近曾经居住过为数不多的古老民族——印第安小熊族，他们身体健壮，以原始狩猎为生。这里有一个古老的习俗，每当部落中有人生病或受伤时，他们就会到大盐湖去取一些湖水，或者在湖边采摘一些植物回去为病人治疗伤病，这个办法十分灵验。时至今日他们依然保持着这个古老的习俗，他们坚信，这个从祖先那里传承下来的"圣方"，是唯一的，也是最好的治疗病症的方法。久而久之，大盐湖成了这个部落的"守护湖"。

神奇的 大盐湖

　　在这里还有许多神秘的现象。比如：一般的湖泊之中都会有许多生物，而在大盐湖中不但没有任何植物或小动物，而且即使把湖水放到显微镜下面，都无法发现哪怕是最微小的细菌。另外一种奇怪的现象是来到湖面上的人们，即使根本不会游泳，也不必担心发生危险，人们可以随意

坐、躺在湖面上，而不会下沉。

在二战期间，一架失事的美国飞机掉进大盐湖中。当飞行员醒来后，发现飞机没有沉没，自己身上的伤口不但没有感染，而且还很快就愈合了。

科学家们对此进行了研究，他们发现大盐湖独特的地理位置和生态环境是产生这种奇怪现象的根本原因。

大盐湖干燥的自然环境类似于著名的死海，湖水的化学特征也基本与海水相同，大盐湖东南和南部接纳贝尔河、乔丹河和韦伯河，湖水无出口，故湖面南高北低，盐度则北高南低，湖水含盐度高达 150‰~288‰，比海水大得多。大盐湖地处落基山脉 1 280 米处，四周群山环绕，常年积雪。因为这是个死水湖，没有泄水口，所以湖水的补充主要来自大自然的雨水和融化的雪水，湖水流失则主要靠太阳的自然蒸发。夏天的大盐湖是沙漠型气候，雨水和雪水将高山上和沙漠中的矿物质及微量元素源源不断地冲刷到湖泊里。太阳将湖泊中的水分蒸发掉，水分流失了，矿物质和微量元素却在湖中安了"家"。几亿年来，这种天然生态循环在持续不断地进行着，造成盐湖中的矿物质和微量元素含量愈来愈高，所以湖水具有医治伤病的功效。水的浓度高出海水 50 倍，因此人们在湖水中不会下沉。

经研究发现，造成大盐湖神秘现象的根本原因正是湖水中高浓度的矿物质和微量元素。湖水中含有 76 种矿物质和微量元素，而且这些元素与人体体液中同类物质的含量相吻合，具有天然杀菌的效果，就连全世界最棘手的水中细菌"沙门杆菌"在其中都无法生存。它是迄今世界上天然矿物质和微量元素含量最多、最齐全、最均衡的湖。后来，开发商把从湖水中提取出的液体定名为"CMD 浓缩均衡矿物滴"。这种矿物滴因为其神奇的功效成为目前市场上非常抢手的保健品之一。

大盐湖盐类储量丰富，达 60 亿吨，其中食盐占 3/4，年产食盐约 27 万吨，还有镁、钾、锂、硼等。20 世纪 70 年代起人们着重开采、提炼湖中的钾碱和镁等多种矿物。

美国 MRI 公司在犹他州大盐湖北面开建多处人工晒盐池，将 10 倍海水浓度的湖水注入其中，他们利用犹他州夏季火热、高温的太阳晒制结晶钠盐，利用大自然的力量，将水分蒸发，使湖水浓度进一步增加。现代的工程师运用先进的科技，将海水所含有的各种不同的盐类，包括最稀有的品种，依次分开，注入不同的池中。大盐湖的海滩上，到处都能看见盐场的痕迹，在空中俯瞰，由于蒸发池中盐水的化学成分各不相同，因此在阳光的照耀下，呈现出各种不同的

美丽颜色，看起来好像沙漠中巨大的彩色玻璃窗，美丽异常。

　　湖中岛屿散布，主要有安蒂洛普岛等诸多岛屿，那里可饲养水禽和牧羊。湖中生物限于养殖盐水虾、水藻等，虾籽是国际市场上热带鱼的主要饲料。大盐湖为犹他州一大旅游胜地。州内最大的城市和首府盐湖城位于湖的东南岸。大盐湖的西南部为荒漠，包括塞维尔干湖共约10 000平方千米，是著名的高速赛车场。

　　即使在美国这样一个工业大国里，大盐湖依然以其独特的景观吸引着所有人的目光，它无愧于"盐质沙漠边缘镶嵌的蓝宝石"的美誉。

旅游价值
大盐湖神奇的治愈能力是吸引人们来此游玩的主要原因之一。

大峡谷之谜

SHI JIE TAN SUO FA XIAN XI LIE

科罗拉多大峡谷被称为是"地球的伤痕"，它是地球上最触目惊心的一道自然奇景，也是地球上岁月变迁、沧海桑田的佐证。它凭借其造型各异、色彩丰富的地面景观而闻名，而揭开它神秘的面纱也必将使人们更全面地了解我们生存的星球。

神奇的 "地质史教科书"

世界著名的科罗拉多大峡谷位于美国亚利桑那州科罗拉多高原上，是地球上唯一能够从太空中用肉眼观察到的自然景观，它居于世界七大自然奇景之首。大峡谷的平均深度超过 1 500 米。美国政府于1919 年将大峡谷最深、最壮观的一段长约 447 千米的地段划为大峡谷国家公园。1979 年大峡谷国家公园被列入联合国《世界自然遗产名录》，其不同地质时代的岩石被称为"地质史教科书"。

科罗拉多大峡谷主要是因其地质学意义而被列入《世界自然遗产名录》的。这里具有保存完好并暴露充分的岩层，从谷底向上整齐地排列着北美大陆从元古代到新生代不同地质时期的岩石，并含有很多具有代表性的生物化石，俨然一部"地质史教科书"。它将北美大陆的沧桑巨变和生物演化进程——记录在内。

科罗拉多河盆地（大峡谷是它的一部分）已有 4 000 万年的历史，但大峡谷本身的历史或许还不到 600 万年（大部分侵蚀是在最近 200 万年内才发生的）。所有这些侵蚀的结果加在一起，就构建成了地球上最完整的地质宝库之一。

在冰河时期，相对较潮湿的气候增加了古科罗拉多河水系的总水量，从而加快其下切河道的速度。530 万年前，加利福尼亚湾被打开，使得古科罗拉多河河床位置降低。这一变化直接导致河水下切侵蚀比例的增加。从那时起至120万年前,古科罗拉多河下切到了与现在相差无几的深度。如今呈阶梯状的岩壁就是由差别侵蚀造成的。

大峡谷之所以如此之深、其岩层(大部分在海平面以下形成)如此之高耸,可能要归功于大约6 500万年以前科罗拉多高原地势的抬升。这一抬升大大增加了科罗拉多河及其支流的倾斜度,从而加快了其流速、增强了其下切岩石的能力。

大峡谷　胜景

大峡谷中有几处名扬天下的胜景。它们分别是"天使之窗"、"皇家山谷"、"帝王展望台"和"光明天使谷"等。这里的土壤虽然大都是褐色,但在阳光的沐浴下,它们却会发生颜色的变幻,时而是棕色,时而是紫色,时而是深蓝色,时而又是赤色,它们的颜色全部依照太阳光线的强弱而定。这时的大峡谷宛若传说中的仙境,色彩缤纷,苍茫迷幻,迷人的景色令人赞叹不已。

大峡谷的边缘是一片森林,温度越靠近峡谷的中部越高,峡谷底端则近似荒漠地带,因此大峡谷中具有从森林到荒漠的一系列生态环境。这便使大峡谷不仅风光旖旎,而且野生动植物种类繁多,俨然是一座庞大的野生动植物园。国家公园内的植物种类多达1 500种以上,并有47种爬虫动物、89种哺乳类动物、9种两栖类动物、17种鱼类和355种雀鸟。美国总统西奥多·罗斯福也是大峡谷的众多热爱者之一,他曾多次到此欣赏风景。

大峡谷设有游览车,可抵达山顶峡谷南缘的一个瞭望台,室外走廊设有多架旋转望远镜,游人透过望远镜,峡谷风光一览无遗,如亲临其境。瞭望台则是一个小型陈列馆,馆内除大峡谷区的模型外,还将峡谷内各地质年代有代表性的岩石、风景、动植物等择要展出,并配有用灯光照明的风景图片和解说。

现在,大峡谷每年大概接待游人三百多万。游客们或乘直升机,从空中鸟瞰大峡谷的壮阔;或坐着木船、木筏,冲过急流险滩,体验大峡谷的惊险;或骑毛驴,沿着崎岖的山路来到谷底,体验大峡谷的细腻;或结队在谷内步行,在自带的帐篷中夜宿,体验谷底的静谧。

每一个来过大峡谷的人都会由衷地发出赞叹,大峡谷的确是地球上的一大奇迹。它的结构与色彩,特别是那种独特的气势是任何雕刻家和画家都无法模拟出来的!

峡谷之旅
一次完整的峡谷之旅将会为你留下一段美好的人生回忆。

我们生存的这个蔚蓝色的星球，仅仅是浩瀚宇宙中的一粒微尘。在亿万年的时光里，总会有许多不明天体与地球不期而遇。这些不速之客留下的痕迹为人们的研究提供了丰富的资料，而巴林杰陨石坑却给人们留下了未解之谜。

陨石坑之谜

SHI JIE TAN SUO FA XIAN XI LIE

美国亚利桑那州弗拉格斯塔夫市附近的巴林杰陨石坑（又称流星陨石坑）是由一颗小行星撞击地球后形成的。这个被撞出来的陨石坑直径1 264米，深174米，猛烈的撞击使该坑周边隆起，高出周围沙漠达四十多米。

这个陨石坑是由约5万年前的一颗铁质流星撞击形成的。根据陨石坑的大小推算，这颗流星可能重达90万吨，直径100米。在遇到地球大气层阻力时，大多数流星会燃烧或粉碎。科学家们认为，这颗如此巨大的流星，以飞快的运行速度撞击地面发生爆炸，其能量相当于1945年投到日本广岛的原子弹的40倍。

当1871年人们发现这片洼地时，都以为它是塌陷的火山口。1890年，有人在此地的岩屑中发现了碎铁。于是，一些科学家开始怀疑那可能是外太空物体撞击地球所留下的痕迹，而不是塌陷的火山口。

最初人们不理解为什么在巴林杰陨石坑看不到陨石本身。这个大陨石给人们留下了一个大坑和几块陨石铁片后，为什么消失得无影无踪了？有人估计陨石就落在坑下几百米的地方，可是谁也没能把它挖出来加以证实。后来科学家们推测，这块巨石在落地时已被击成碎片了。费城一位采矿工程师巴林杰博士对于坑内埋有富含铁质的巨大陨石深信不疑，于是他把那块土地买了下来，并于1906年着手钻探。经过勘察，他发现坑口东南面的岩层比其他方位的岩层高出30米，他由此断定，陨石从北面掉落，以低角度撞击地面，留在坑口的东南部地下。于是，钻探工作如期展开。但1929年，钻探工作由于某种原因被迫停止了。

在20世纪60年代，人们在坑里发现了柯石英和超石英。这两种物质是在极大的压力和极高的温度下才能被制造出来的。在坑内能够找到这两种物质，足以证明坑口是由巨大撞击力造成的。现在人们以巴林杰的名字来命名这个陨石坑，以此来纪念巴林杰博士。

谢伊峡谷之谜

SHI JIE TAN SUO FA XIAN XI LIE

与科罗拉多大峡谷齐名的谢伊峡谷在人文景观方面更为引人注目,世界闻名的木乃伊洞穴遗址便在谷中。斑驳的岩壁雕刻、神奇的"滑行的屋子"一谜一般的古印第安文化使谢伊峡谷备受瞩目。久远的古印第安文化期待着人们的探索。

谢伊峡谷位于美国亚利桑那州与新墨西哥州交界线附近,由东南向西北,蜿蜒纵横。谷中砂岩峭立,保留着大量古印第安人的遗迹。岩壁上斑驳的雕刻绘画,向人们讲述着曾经的辉煌。

这个峡谷由流速缓慢的河川雕凿而成,许多峡谷组成了这样一个"迷宫"。谷底深入到迪法恩斯高原的红砂岩中,峡谷岩壁陡峭而平滑,高度从 9 米到 300 米不等,富含矿物的水流从崖壁上流至岩面,形成了岩壁与油画中的线条十分相似的黑色条纹,有"沙漠油彩"之称。

纳瓦霍人 家族

谢伊峡谷与科罗拉多大峡谷齐名,在某一方面甚至比它更为引人注目。至今,整条峡谷依然属于美洲印第安人。纳瓦霍印第安人是谢伊峡谷的主人,他们已在此至少居住了 400 年。如今,峡谷中约有七十个纳瓦霍人家族,他们以种植谷物和瓜菜、栽种果树、放牧牛羊为生。

其实,早在纳瓦霍人到来之前,这里就已经是阿纳萨兹人的家园了。1880 年,一支考古探险队在峡谷中一处213 米高的峭壁下,发现了古印第安人的居穴,那里面有两具保存完好的木乃伊。据考证,这个遗址大约从公元300 年开始,就已经有人居住。阿纳萨兹人在 1296 年前后移居到这里,在这里建家立业。考察队将该遗址命名为

木乃伊洞穴遗址，而纳瓦霍人则将祖先的旧居称为"岩下之屋"。

峡谷中，还有一处有趣的阿纳萨兹人村落遗址，即"滑行的屋子"，这里同样吸引了众多参观者。遗址中的房屋建造在一个险峻倾斜的岩架上，这样的建筑方式，恐怕连最伟大的阿纳萨兹建筑师也不能保证这些墙壁不会移动。

当纳瓦霍人第一次抵达谢伊峡谷时，阿纳萨兹人的村庄已经是一片废墟。在17世纪，纳瓦霍人已过着半游牧的生活。18世纪，他们更是因肥美的羊群、精致的羊毛毯和高产的谷地而远近闻名。然而，19世纪早期开始，纳瓦霍人的平静生活被西班牙入侵者破坏殆尽。几次血腥的冲突场面被记录在峡谷的峭壁上。

当纳瓦霍人终于回到谢伊峡谷的时候，家园已经面目全非，在新的庄稼长出来之前，纳瓦霍人不得不接受政府的定量配给。而后，纳瓦霍人又经历了1868~1880年的大旱灾，尽管困难重重，纳瓦霍人依然顽强地生存下来，在这个特别的地方开始了新生活。1931年，纳瓦霍人在谢伊峡谷建立了国家公园。如今，这里已经是著名的旅游胜地，来自世界各地的游人络绎不绝。国家公园设有游客中心，提供游车、观景服务。如今，峡谷依然属于纳瓦霍人，因此进入谷中，必须要纳瓦霍导游陪同，在印第安村落拍照也需要征得主人的同意。

夏末和整个秋季都是谢伊峡谷最怡人的季节，壮观的峡谷、古朴的岩刻艺术、祥和的印第安村落，宛如一幅人与自然和谐相处的画卷，置身其间，总会令人由衷地为之感动。

Bukesiyi De Diqiu Xuan'an

|不可思议的地球悬案|

6

南极洲

Nanjizhou

神奇的南极

SHI JIE TAN SUO FA XIAN XI LIE

冰是南极最主要的特征,但在冰层之下却有许多不为人知的秘密,更有着许多奇异的传闻。这些秘密和传闻将南极置于迷雾之中。神奇的不冻湖便是众多迷雾中的一部分。人们对于不冻湖的种种猜测,一直无法定论。神奇的南极,谜一般的南极,只能有待人类的继续探索。

有关南极洲的神秘,盛传着许多奇异的传闻。在比利时不明飞行物研究中心工作的研究员埃德加·西蒙斯、本·冯·普雷恩和亨克·埃尔斯豪特等公开声明:南极洲存在着一些德国纳粹的基地。比利时学者说,德国人当时有三个计划:制造原子弹、开发南极洲、研制圆形盘状飞船。在第二次世界大战后期,德国的潜艇很有可能把德国的科学家、工程师和器材运到了南极洲。1939年之前,希特勒曾经将他的亲信阿尔弗雷德·里切尔派到南极实地考察过。所以,纳粹余党把南极洲当作基地进行飞碟研究并不是胡乱猜测。西班牙一位 UFO 研究专家安东尼奥·里维拉声称:"如果我们认为,纳粹德国的科学家和军人的确来到了南极洲,那么人们完全有理由相信,除了真正的外星 UFO 外,南极洲也可能存在着地球人制造的另一种 UFO。"

南极 不冻湖

南极洲是人迹罕至的冰雪荒原,一向有"白色大陆"的称号。在南极,放眼望去,只见一片皑皑白雪。这片1400万平方千米的土地,几乎被几百至几千米厚的坚冰所覆盖,零下五六十摄氏度的低温,使这里的一切几乎都失去了活力,丧失了原有的功能。在这里石油凝固成黑色的固体,在这里煤因为达不到燃点而变成了非燃物。然而,有趣的自然界却又向人们奇妙地展示出它那魔术般的本领:在这寒冷的世界里竟然神奇地存

南极生物

在神秘的南极还生活着很多可爱的动物,如海狮、海豹等。

> **神秘的南极**
>
> 是外星人的驻扎基地，还是地球人的秘密工程，或者是大自然的恶作剧？神奇的南极给我们留下了太多的谜团。

在着一个不冻湖。

不冻湖 现象

科学家们发现的这个不冻湖，面积大约 2 500 多平方千米，最深处达到 66 米，湖底水温高达 25℃，盐类含量是海水的 6 倍还多，湖水遭到了很严重的污染，并有间歇泉涌出水面。科学家们在这个湖的周围进行了考察，发现在它附近并没有类似于火山活动的地质现象。为此科学家们对于存在于这酷寒地带的不冻湖也感到莫名其妙。1960 年，日本学者分析测量资料后发现，该湖表面薄冰层下的水温大约为 0℃。随着深度的增加，水温也不断增高。到 16 米深的地方，水温升到 7.7℃，这个温度一直稳定地保持到 40 米深处；到 40 米以下，水温缓慢升高；至 50 米深处水温升高的幅度突然加大；至 66 米深的湖底，水温居然高达 25℃，与夏季东海表面水温相差不多。这个奇怪的现象一经发现，便引起科学家们的极大兴趣，他们对此进行了仔细的考察，提出了各种各样的看法。

不冻湖 存在的原因

有的科学家提出这是气压和温度在特殊条件下交织在一起的结果。持这一观点的人指出：在 3 000 多米的冰层下，压力可达到 278 个大气压，在这样强大的压力下，大地释放出的热量比普通状态下释放出的热量多，而且冰在 2℃ 左右就会融化。另外，冰层还像个大地毯，阻止了热量的散发，使得大地释放出的热量得以大量积存，这样的南极大陆会有大量的冰得以融化，汇集到低洼处聚成一汪湖水，另外一些科学家则认为：在南极的冰层下，极有可能存在着一个由外星人建造的秘密基地，是他们在基地散发的热能将这里的冰融化了；还有的科学家坚持：这是个温水湖，很有可能是水下的大温泉把这里的水温提高了，将冰融化。可有些人反驳说：如果这里有温泉水不断流进湖里，为什么湖上冰冠没有一点融化的迹象呢？

南极"绿洲"之谜

SHI JIE TAN SUO FA XIAN XI LIE

神奇的南极大陆上充满了神秘,在被冰雪覆盖的土地上却点缀了一些"绿洲",而在这里还有着许多奇怪的现象。神奇的"绿洲"吸引着无数的科学家,但却没有人能解开"绿洲"之谜。可科学家们相信在不断的探索下谜一般的"绿洲"会显现出其真面目。

在大多数人的印象里,南极应该是一个完全被冰雪覆盖的地方,但事实并非如此,南极也有绿洲,听起来的确不可思议,但这是事实。南极的绿洲以班戈绿洲、麦克默多绿洲和南极半岛绿洲最为有名。它们大都分布在南极大陆沿海的地方。

"绿洲" 猜想

所谓"绿洲",并不是人们常见的植物茂盛生长之地,而是那些没有冰雪覆盖的地方。由于南

极考察人员长年累月在冰天雪地的白色世界里生活、工作，因而当他们发现没有被冰雪覆盖的地方时，自然备感亲切，于是便将这些地方称为南极洲的"绿洲"，也就是下文所提到的"无雪干谷"。南极绿洲约占南极洲面积的 5%，地貌丰富，含有干谷、湖泊、火山和山峰。

　　在南极洲麦克默多湾的东北部，有 3 个相连的谷地：地拉谷、赖特谷、维多利亚谷。在谷地的周围是被冰雪覆盖的山岭，但谷地中却非常干燥，并没有冰雪，连降水都少有。这里便是神秘的"无雪干谷"。裸露的岩石和一堆堆海豹等各种海兽的骨骸在这里随处可见。

　　科学家无法解释为什么这里会出现如此之多海兽的骨骸。海岸距这里几十千米到上百千米不等，习惯于在海岸旁边生活的海豹等动物为什么会违背生活习性来到这里呢？

　　一些科学家认为，这些海豹是因为在海岸上迷失了方向才来到这里的。海豹在无雪干谷上找不到可以饮用的水，又找不到出去的路，于是因干渴而死。也有一些科学家认为这些海豹跑到无雪干谷地区是来自杀的，就像鲸类自杀现象一样，可是并没有合理证据能证明这一观点。也有科学家认为这些海豹可能是受惊吓或受驱赶而来到这里。那么它们是受什么惊吓，被什么驱赶的呢？这个谜仍然没有被解开。

　　难以解释的现象为南极披上了一层神秘的面纱，吸引着各国探索者的目光，也提示我们，探索自然的路任重而道远，却又其乐无穷。

南极"无雪干谷"

SHI JIE TAN SUO FA XIAN XI LIE

南极大陆是地球上最为神秘的一块大陆，南极洲也是人类最少涉足的大洲。在那里，许许多多的神秘现象人们至今仍无法解释，"无雪干谷"就是其中最为神秘的一个。

神秘的 南极大陆

南极大陆总面积达1 400万平方千米，且大部分被冰雪所覆盖，整个大陆冰盖的冰层，平均厚度为达2 000米，最厚的地方可达4 800米。从高空俯瞰，南极大陆是一个中部高四周低、形状极像锅盖的高原。冬季时，大陆的冰盖与周围海洋中的海冰连为一体，形成一个总面积超过非洲大陆的白色冰原，这时它的面积超过了3 300万平方千米。

恐怖的 "死亡之谷"

维多利亚谷、赖特谷、地拉谷是南极洲上三个相连的谷地，它们位于南极洲麦克默多湾的东北部。这段谷地周围是被冰雪覆盖的山岭，但奇怪的是谷地中却异常干燥，既无冰雪，也少有降水，而是遍布着裸露的岩石和一堆堆海豹等海兽的骨骸，这里便是"无雪干谷"。走进这里的人都感到一种死亡的气息，于是它又被称为"死亡之谷"。

距离这片谷地最近的海岸至少也有数十千米，而远一点的则要有上百千米。然而令科学家

百思不得其解的是，习惯于在海岸旁边生活的海豹一般情况下是不会离开海岸跑这么远，可这些海豹却偏偏违背了通常的生活习性来到这里。那么，海豹为什么要远离海岸爬到"无雪干谷"呢？

由于在这个没有冰雪的无雪干谷地区，海豹因缺少了可饮用的水源，最终力气耗尽而死。一些科学家认为，这些海豹来到这里是因为在海岸上迷失了方向。在这个没有冰雪的无雪干谷地区，海豹因为缺少可以饮用的水，力气耗尽而没能爬出谷地，

最后干渴而死,变成了一堆堆白骨。

由于鲸类自杀的现象较为常见,因而有一些科学家认为这些海豹跑到无雪干谷地区就像鲸类一样是自杀。也有科学家认为,这些海豹可能是受到了什么惊吓,被什么东西驱赶到了这里。那么究竟是什么让海豹在过去的年代里如此慌不择路呢?又是一种什么样的东西将它们驱赶到这里的呢?除了这些神秘的兽骨,还有许多让人无法解释的现象在无雪干谷迭现。

范达湖　水温之谜

“范达”是新西兰在无雪干谷的腹地建立的一座考察站的名字,也是考察站周围的一个湖泊的名字。一些日本的科学家在1960年实地考察了无雪干谷的范达湖,发现湖里的水温在三四米厚的冰层下是0℃左右,在15~16米深的地方则升到了7.7℃,到了40米以下,水温竟然跟温带地区海水的温度相当,达到了令人惊讶的25℃。奇异的水温现象使他们感到惊讶,范达湖这种深度越大水温越高的奇怪现象令科学家们兴奋不已,纷纷来到这里进行实地考察。

范达湖的这一疑团被日本、美国、英国、新西兰等国的考察队从不同的角度进行了解释,学术界对此也争论不休。其中地热说和太阳辐射说是最为盛行的两种说法。

坚持地热说的科学家们认为:罗斯海与范达湖相距50千米,在罗斯海附近有一座正处于休眠期的活火山默尔本灿,以及至今仍在喷发的埃里伯斯。这表明这一带的岩浆活动剧烈,因此会产生很高的地热。在地热的作用下,范达湖就会产生水温上冷下热的现象,然而并没有任何证据表明,在无雪干谷地区存在地热活动。因而这一观点并不足以解释上述现象。

而坚持太阳辐射说的专家们则认为,范达湖因长期处在太阳的照射下,从而积蓄了大量的辐射能。当夏天到来时,湖底、湖壁被透过冰层和湖水的强烈的阳光所烘暖。湖底层的咸水吸收、积蓄了大量剩余阳光中的辐射能,加上湖面冰层的隔离屏障,从而阻止了湖内热量的散发,产生了一种温室效应。南极热水湖中所含有的丰富的盐溶液能有效地蓄积太阳能,这就是导致范达湖的温度上冷下热的主要原因。但有许多人并不同意此种说法。他们认为:南极的夏季,地面能够吸收到太阳的辐射能很少,因为此时日照时间虽长,但很少有晴天,再加上如镜子般的冰面的反射,因而有90%以上的太阳辐射无法被吸收。另外,暖水下沉后必然使整个水层的水温升高,而不可能仅仅使底层的水温升高。这样一来,太阳辐射说的理论似乎又站不住脚了。美国学者威尔逊和日本学者鸟居铁经过多年的研究,提出了新的论点:虽然南极的夏季少晴天,致使地表只能吸收很少的太阳辐射。然而,靠近表层的冰层仍可因透明冰层对太阳光的透射,或多或少获得太阳辐射的能量。此外,冬季凛冽的大风还会将这一地区的积雪层吹得很薄。每到夏季,裸露的岩石又使地表能够吸收充足的热量。日积月累,湖水表层及冰层下的温度便有所上升,最后到了融化的程度。另外由于底层盐度较高,密度较大,底层不会上升,结果就使高温的特性保留了下来。同时,在冬天时表层水有失热现象,底层水则由于上层水层的保护,失热较少,因而可以保持特别高的水温。

ⓒ 崔钟雷 2011

图书在版编目(CIP)数据

不可思议的地球悬案 / 崔钟雷编. —沈阳：万卷
出版公司，2011.11（2019.6重印）
（世界探索发现系列）
ISBN 978-7-5470-1786-9

Ⅰ. ①不… Ⅱ. ①崔… Ⅲ. ①地球－儿童读物 Ⅳ.
①P183-49

中国版本图书馆 CIP 数据核字（2011）第 217100 号

世界探索之旅

出版发行：北方联合出版传媒（集团）股份有限公司
　　　　　万卷出版公司
　　　　　（地址：沈阳市和平区十一纬路 29 号 邮编：110003）
印 刷 者：北京一鑫印务有限责任公司
经 销 者：全国新华书店
开　　本：690mm×960mm　1/16
字　　数：100 千字
印　　张：7
出版时间：2011 年 11 月第 1 版
印刷时间：2019 年 6 月第 4 次印刷
责任编辑：丁建新
策　　划：钟 雷
装帧设计：稻草人工作室
主　　编：崔钟雷
副 主 编：刘志远　黄春凯　李明珠
ISBN 978-7-5470-1786-9
定　　价：29.80 元

联系电话：024-23284090
邮购热线：024-23284050/23284627
传　　真：024-23284448
E－mail：vpc_tougao@163.com
网　　址：http://www.chinavpc.com

常年法律顾问：李福
版权所有　侵权必究
举报电话：024-23284090
如有质量问题，请与印务部联系。
联系电话：024-23284452